中国黄樟精油资源与开发利用

邱凤英　周　诚　杨海宽　等◎著

中国林业出版社
CFPH China Forestry Publishing House

编委会

主　编

邱凤英　周　诚　杨海宽

副主编

章　挺　周松松　符　潮　何小三

本书编者（按姓氏笔画排序）

王文辉　甘　然　伍艳芳　刘新亮　李　江

李升星　杨海宽　邱凤英　何　梅　何小三

邹国岳　汪信东　张月婷　张永坤　罗忠生

周　诚　周松松　郑永杰　胡振兴　钟雨庭

钟远芳　高　伟　郭　捷　唐　山　盛亚晶

符　潮　章　挺　彭招兰　温世钫　戴小英

前言

黄樟［*Cinnamomum parthenoxylon*（Jack）Meisner］是我国南方常绿阔叶树种，是集香料、油用、药用、材用、园林景观及生态保护于一体的多用途树种。黄樟叶中富含精油，精油以萜类物质为主，被广泛用于食品、医药和日用化工等行业。此外，黄樟精油的多样性与多功能性符合国际上对日化用品在纯天然、营养和功能性等方面的需求，具有重要的开发利用价值和市场潜力。黄樟天然资源较少，在我国主要分布于广东、广西、江西、湖南、云南等省（自治区、直辖市）。由于天然更新能力差、保护工作滞后，野生资源呈濒危趋势，现有黄樟资源主要分布在未受人为干扰的自然保护区或天然林中，资源保护工作任重道远。黄樟精油的化学成分和含量会因产地、器官、树龄的不同而存在差异，而精油含量和成分的差异将直接影响到相关产品的开发利用，因此不断探索黄樟精油的变化规律显得尤其重要。当前，黄樟研究基础十分薄弱，精油变异研究不系统，众多价值不菲的精油成分有待开发，精油提取工艺有待优化。因此，加强黄樟精油变异、精油高效提取及高值化利用技术的研发迫在眉睫。

本书基于编者的研究工作成果，重点介绍我国黄樟资源叶精油区域和季节变异、提取工艺、产品开发的研究现状和发展趋势，为黄樟良种选育、高效人工培育及精油源产品开发利用提供理论依据和技术支撑。本书共分5章，分别为绪论、黄樟叶精油变异研究、黄樟不同部位精油研究、黄樟精油提取技术研究、黄樟精油高值化利用，可为广大林业科技、教学、管理和生产经营者提供参考。

本书的主要内容研究经费来源于科技部、国家林业和草原局、江西省科技厅、江西省林业局等部门科研项目，尤其得到江西省林业局樟树研究专项（创新专项〔2020〕07号）和江西省科技厅重大科技研发专项（20203ABC28W016）的特别资助，编辑出版得到了江西省林业科学院的大力支持，在此一并表示衷心感谢。

由于编写时间仓促和编著者能力有限，难免有不妥和疏漏之处，敬请提出宝贵意见。

编著者

2022年5月

目 录

前 言

第 1 章 绪 论 // 001

1.1 植物精油研究现状……001

1.1.1 植物精油提取与成分检测……001

1.1.2 植物精油化学型分类……002

1.1.3 植物精油变异研究……003

1.1.4 植物精油开发利用……007

1.2 黄樟研究现状……008

1.2.1 黄樟概述……008

1.2.2 黄樟研究进展……010

第 2 章 黄樟叶精油变异研究 // 012

2.1 黄樟叶精油区域变异研究……012

2.1.1 试验材料与方法……012

2.1.2 结果与分析……015

2.1.3 结论与讨论……062

2.2 黄樟叶精油年变异研究……063

2.2.1 试验材料与方法……063

2.2.2 结果与分析……064

2.2.3 结论与讨论……072

第 3 章　黄樟不同部位精油研究 // 074

3.1　不同林龄黄樟不同部位精油研究……074

3.1.1　试验材料与方法……074

3.1.2　结果与分析……075

3.1.3　结论与讨论……093

3.2　不同化学型黄樟不同部位精油研究……094

3.2.1　试验材料与方法……094

3.2.2　结果与分析……095

3.2.3　讨论与结论……107

第 4 章　黄樟精油提取技术研究 // 108

4.1　精油水蒸气蒸馏法……108

4.1.1　传统水蒸气蒸馏法……108

4.1.2　浸渍前处理结合水蒸气蒸馏法……110

4.1.3　浸渍前处理对黄樟精油提取的影响……112

4.1.4　黄樟精油提取技术标准……122

4.2　精油其他提取技术……127

4.2.1　超临界二氧化碳萃取……127

4.2.2　亚临界萃取……128

4.2.3　同时蒸馏萃取……129

4.2.4　微波、超声萃取……130

4.2.5　冷榨法……131

第 5 章　黄樟精油高值化利用 // 132

5.1　黄樟精油性质、功效及应用技术……133

5.1.1　黄樟精油性质……133

5.1.2　黄樟精油日化用功效……134

5.1.3 黄樟精油在日化产品中应用技术 …… 136
5.2 黄樟精油源日化用品开发 …… 138
5.2.1 洗涤用品开发 …… 139
5.2.2 化妆品开发 …… 146
参考文献 // 159

第1章 绪论

1.1 植物精油研究现状

1.1.1 植物精油提取与成分检测

植物精油是一类由植物次生代谢产生具有挥发性与特殊气味的物质。精油化学成分分子质量相对较小，按化学成分可分为萜类、芳香族化合物、脂肪族化合物等（刘伟等，2019）。植物精油提取方法较多，主要有压榨法、水蒸气蒸馏法、有机溶剂提取法、微波辅助萃取法、酶制剂辅助提取法、超临界二氧化碳萃取法及亚临界水萃取等。压榨法是较为原始的精油提取方法，通过外部压力使植物细胞破裂，从而收集植物精油，其缺陷为所得精油杂质较多，出油率低，难以长时间保存（Kharraf et al.，2020）。水蒸气蒸馏法适用于具有挥发性、不与水发生反应，又难溶于水的化学成分的提取，因设备简单、操作简便，是目前提取植物精油最常用的方法，并常以微波辅助水蒸馏法提高精油提取效率（Jeyaratnam et al.，2016；Kusuma et al.，2017）。溶剂浸提法是使用有机溶剂如正己烷、石油醚、丙酮等进行连续回流或冷浸、热浸提取精油，该方法提取精油得率较高，但常含杂质。微波辅助萃取法是利用微波加热对目标成分进行选择提取，具有提取快速、高效的优点（Abedi et al.，2017）。酶制剂辅助提取法，通过添加复合酶制剂加速植物细胞分解，从而提取植物精油，一般结合微波萃取法等提高提取效率（张雪松等，2017；张士伟等，2020）。超临界二氧化碳萃取法是一种将超临界流体控制在超过临界温度和临界压力的条件下萃取目标成分的方法，具有萃取能力强、收率高、对环境友好等优点。

植物精油化学成分常规分析和鉴定技术多采用气相色谱法（GC）和气相色谱－质谱联用法（GC–MS）。此外，也有报道采用电离质谱法（ESI–MS）、电化学检测法来鉴定植物精油化学成分，此外，核磁共振（NMR）检测技术的应用，对精油中某些特定成分的结构定性分析也发挥了重要作用。其中气相色谱－质谱联用法是目前对精油化学成分最有效、最快捷的一种定性分析方法，使用非常广泛。通过正构烷烃测定保留指数，结合质谱解析资源库，可使未知成分的分析及测定更为准确。气相色谱法是目前用于精油分析的最广泛的定量分析方法，可结合外标法、内标法等分析手段，对精油中的化学成分进行定量分析。

1.1.2　植物精油化学型分类

化学型是指同一物种、亚种或变种以下的一种分类方式，不同化学型之间次生代谢产物有较大差异，但形态上无明显差异（Rovesti et al.，1957）。我们把植物叶精油中化学成分含量最高的称为第一主成分，根据第一主成分的不同把同一种植物划分为不同的化学型，如黄樟叶精油第一主成分是芳樟醇，称该黄樟化学型为芳樟醇型。因此，就有同种植物有不同的化学型，同一种化学型又存在不同种植物中的情形。植物化学型的本质是植物生理过程的一种分化，分布的化学型与其分布区和生命周期有关（Swain，1972），受遗传因子、个体发育、环境因子等多重因素的影响，但化学型的形成与遗传、环境和植物系统发育之间的关系尚不完全清楚。

樟属作为重要的精油植物类群，其精油化学型丰富多样。目前，已发现的化学型约 30 种，主要分为萜类化合物、苯丙素类化合物、脂肪族化合物（图 1-1）。如我国香樟（*Cinnamomum camphora*）化学型主要划分为芳樟醇型、反式－橙花叔醇型、桉叶油素型、樟脑型和龙脑型 5 种（石皖阳等，1989）；油樟（*Cinnamomum longepaniculatum*）可划分为樟脑型、桉叶油素型、芳樟醇型、甲基丁香酚型、龙脑型、布勒醇型等（陶光复等，2002）。仅在黄樟一个小居群中就鉴定出了 7 种不同的黄樟化学型（吴航等，1992）。

A. 开环单萜类化合物

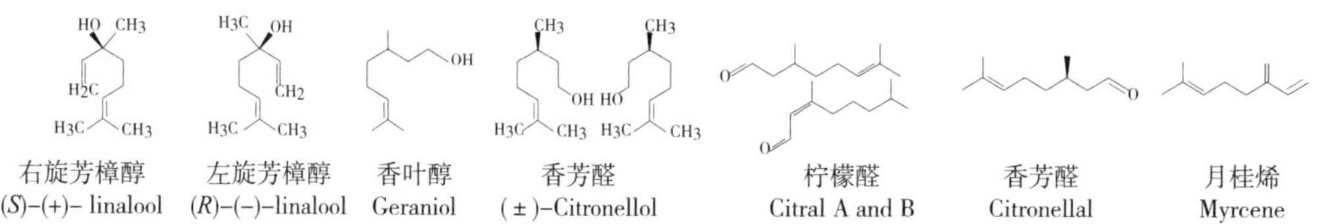

图 1-1　樟属植物精油主要化学成分

B. 单环单萜类化合物

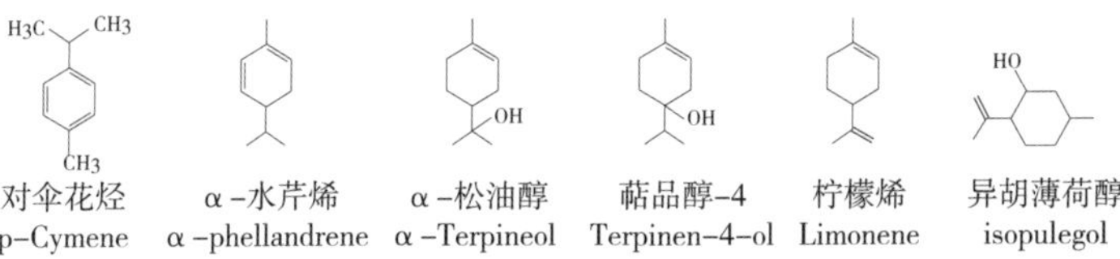

C. 双环单萜类化合物

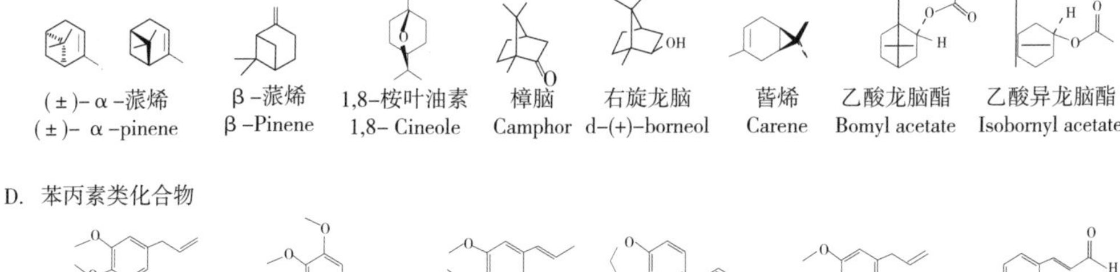

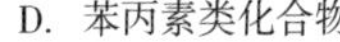
D. 苯丙素类化合物

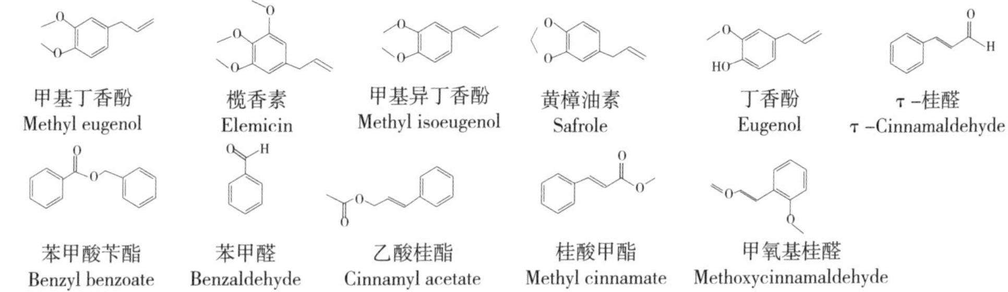

E. 脂肪族化合物

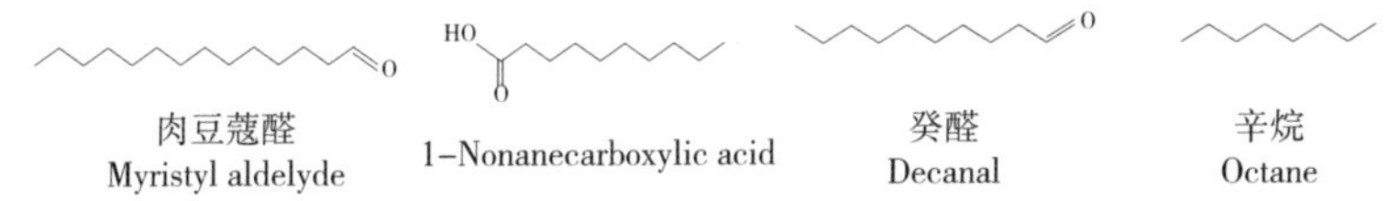

图 1-1 樟属植物精油主要化学成分（续）

1.1.3 植物精油变异研究

1.1.3.1 樟组植物精油变异研究

樟组（Sect. *Camphora*）是樟科樟属下的一组，在我国共有 17 种（不含变种与变型），包括樟、黄樟、猴樟（*Cinnamomum bodinieri*）、油樟、尾叶樟（*Cinnamomum caudiferum*）、坚叶樟（*Cinnamomum chartophyllum*）、云南樟（*Cinnamomumg landuliferum*）、八角樟（*Cinnamomum ilicioides*）、长柄樟（*Cinnamomum longipetiolatum*）、沉水樟（*Cinnamomum micranthum*）、米槁（*Cinnamomum migao*）、毛叶樟（*Cinnamomum mollifolium*）、细毛樟（*Cinnamomum tenuipile*）、阔叶樟（*Cinnamomum platyphyllum*）、岩樟（*Cinnamomum saxatile*）、银木（*Cinnamomum septentrionale*）、菲律宾樟（*Cinnamomum philippinense*）等。樟组植物的根、茎、叶、花、果中精油丰富，

其分布具有多样性和单一性。由于樟组植物精油化学成分开发利用价值受到人们的重视，樟组植物精油化学成分及开发利用的研究相对较多，主要集中在精油变化规律、精油提取、化学成分鉴定与分析、加工工艺等方面，这些研究工作取得了明显进展（Subki et al.，2013；Wang et al.，2017；Chen et al.，2018；李嘉欣等，2019；郑红富等，2019；杨海宽等，2019）。

樟组树种中同一树种精油第一主成分存在差异。林正奎等（1987）对樟科树种精油化学成分研究表明，樟树中芳樟醇型叶精油第一主成分为左旋芳樟醇（66%），桉叶油素型第一主成分为1,8-桉叶油素（61%），黄樟中芳樟醇型第一主成分为右旋芳樟醇（90%），樟脑型第一主成分为樟脑（65%）。细毛樟精油叶化学型较多，有芳樟醇型（97.51%）、香叶醇型（92.5%）、金合欢醇型（70.03%）、橄香脂素型（84%）等。魏小兰等（2009）对猴樟精油进行了初步研究，结果表明主要化学成分为柠檬醛、樟脑、桉叶油素等，并鉴定其他非主要化学成分如α-石竹烯、α-香柠檬醇、龙脑、α-松油醇、乙酸龙脑酯、黄樟油素等40余种。不同产地同一树种精油存在不同。产于广东紫金的黄樟叶精油有芳樟醇型、柠檬醛型、松油醇型、桉叶油素型、樟脑型、丁香酚甲醚型和橙花叔醇型等7种化学型，对应的第一主成分含量为芳樟醇94.29%、柠檬醛72.13%、松油醇25.21%、桉叶油素62.43%、樟脑86.66%、丁香酚甲醚71.48%和橙花叔醇54.78%（吴航等，1992）；产于江西吉安的黄樟叶精油第一主成分芳樟醇含量为81.01%（罗永明等，2003）；产于江西井冈山的黄樟叶精油第一主成分桉叶油素含量为66.8%，精油中不含樟脑、黄樟油素、柠檬烯等化学成分（张秋根等，1994）；产于马来西亚的黄樟叶精油第一主成分黄樟油素含量为93.19%，未检测出芳樟醇（Subki et al.，2013）。不同产地的油樟叶精油化学成分也具有较大差异，四川油樟叶精油第一主成分为1,8-桉叶油素（58.55%），其他成分有α-萜品醇（15.43%）、香桧烯（14.16%）、β-桉叶醇（40.98%）、榄香醇（10.84%）等；云南西双版纳的油樟叶精油第一主成分樟脑含量为90.52%（程必强等，1997）；湖北油樟叶精油中第一主成分为布勒醇（44.78%），其他成分有β-桉叶醇（15.61%）、香叶醛（10.80%）、橙花醛（7.63%）等（陶光复等，2002）。不同产地的同一树种同一化学型叶精油化学成分存在不同。产于江西吉安、湖南新晃、浙江淳安、福建厦门的龙脑型樟树叶精油分别含化学成分

44种、33种、34种和25种，叶精油中右旋龙脑含量分别为53.17%、32.71%、41.89%和60.74%（张宇思等，2014）。同一树种不同器官精油含量和化学组成存在不同。产于云南西双版纳的黄樟叶、枝、果精油第一主成分为樟脑和桉叶油素，树干精油第一主成分为1,8-桉叶油素，根精油第一主成分为黄樟油素（程必强等，1997）。樟脑型樟树不同器官（叶、枝、干、根）精油得率和化学成分差异较大，叶、枝、干、根得油率分别为1.86%、0.36%、0.45%、2.11%，叶精油中第一主成分为樟脑，枝和干精油中第一主成分为桉叶油素，根精油中第一主成分为黄樟油素。

樟组树种精油受产地地理位置、生长发育阶段及生理生化因素的综合作用，精油含量和化学成分变化复杂。张国防（2006）对福建省28个县市的樟树叶精油研究表明，樟树叶精油含量随经度下降呈明显升高趋势，随纬度增加呈下降趋势。樟树不同化学型分布相对频数在不同经纬度中存在显著差异，樟脑型在各经度上分布较均匀，芳樟醇型分布频数随着经度的增加明显下降，黄樟油素型分布随经度增加明显增加。樟组植物精油还呈现出一定的时间变化规律，不同化学型叶片精油含量的变化规律相似，即在生长季节均较高、非生长季节均较低（张国防等，2012）。对樟树精油含量与营养元素动态相关性规律研究表明，精油含量总体呈双峰变化曲线，于5月和8月达到峰值（赵姣，2021），油樟精油出油率4月与8月较高（宁登文等，2022）。樟组植物精油还受多种环境因子的影响，如土壤肥力、微量元素、微生物群落等均影响其出油率与化学成分含量（黄秋良等，2020；赵姣，2021）。

1.1.3.2　其他植物精油变异研究

天然植物精油种类繁多，精油化学成分丰富多样。不同植物精油化学成分差异较大。李文茹等（2013）对天然精油植物肉桂（*Cinnamomum cassia*）、山苍子（*Litsea cubeba*）、丁香（*Syringa oblata*）、香茅（*Cymbopogon citratus*）、迷迭香和大蒜（*Allium sativum*）等的精油化学成分研究表明，肉桂、山苍子、香茅、迷迭香精油主含醛类和醇类，丁香精油主含丁香油酚，大蒜精油主含含硫的醚类。对5种野生乡土楠木植物资源叶片精油的研究表明，不同楠木组分和组分含量差异较大（毛运芝等，2019）。同一植物精油化学成分差异也很大。已有研究从狭叶薰衣草（*Lavandula angustifolia*）精油中鉴定出110种化学成分，主含酰胺类、醛类、醇类、酯类、酮类、烯烃、烷烃类等（刘贵有等，2019）。从百香果（*Passiflora edulia*）果皮精油中共检测出 263 种化学成分，主要含有烃类（31.05%）、酯类（30.46%）、酸类（20.88%）和醇类（7.46%）（李程勋等，2019）。根据罗勒（*Ocimum basilicum*）精油化学成分，将罗勒分为甲基黑椒酚–芳樟醇型、甲基胡椒酚–不含芳樟醇型、高芳樟醇型、丁香酚–芳樟醇型、甲基丁香酚–芳樟醇型、肉桂酸甲酯–芳樟醇型、香柑油烯型等 7 种化学型（权美平，2016）。迷迭香精油的主要成分为 α–蒎烯（39.05%）和 1,8– 桉叶素（16.86%），其次是莰烯（4.22%）、D–柠檬烯（3.87%）、龙脑（3.74%）、β–石竹烯（3.11%）等（郭冬云等，2022）。采用超临界二氧化碳对葛缕子精油进行提取鉴定，结果表明其主要成分为 D–柠檬烯（50.96%）和香芹酮（46.65%）（庞敏等，2022）。

不同生产地、不同发育期、不同器官植物精油含量与组分差异较大。对古巴、尼泊尔和也门马樱丹（*Scutellaria baicalensis*）精油研究表明，不同地区马樱丹化学成分差异较大（Satyal et al.，2016）。魏辉等（2010）研究表明，产地的地理环境、不同生育期对土荆芥（*Chenopodium ambrosioides*）精油的化学成分及其相对含量均有一定的影响。不同器官精油含量也不相同，紫苏（*Perilla frutescens*）叶精油含量显著高于茎精油（邵平等，2012），红松松针以萜烯类为主，松壳以酮类为主（王雪薇等，2021）。

植物精油含量及化学成分变异受遗传因素，产地的海拔、经纬度等地理环境，日照、降雨、温度等气候因子的影响。比如受遗传因素的影响，墨兰（*Cymbidium sinense*）花精油呈现出化学多态性（Li et al.，2017）。Juane 等（2011）对海拔、日照时数、年降水量、年均温等环境因子与杜仲（*Eucommia ulmoides*）次生代谢产物含量的关系研究表明，环境因素对杜仲次生代谢产物含量有显著影响。而药用植物黄芩（*Scutellaria baicalensis*）中大部分化学成分与纬度呈负相关，与温度呈正相关，土壤中无机元素含量过高对黄芩化学成分积累有负面影响（Guo et al.，2013）。对欧洲 17 个国家 51 个居群牛至（*Origanum vulgare*）精油成分研究表明，不同居群牛至精油含量存在极大的变异，精油含量范围为 0.03%~4.6%。气候条件是欧洲牛至精油化学成分变化的重要因素，化学型的变异大致遵循大气候分布规律，源于地中海气候的牛至表现出活跃的伞花烃/芳樟醇等单萜物质合成途径，而来源于大陆气候的牛至则精油中单萜物质较少（Lukas et al.，2015）。除地理、气候及其他生长因子外，植物精油化学型多样性与生长地局部选择力有关（Hajdari et al.，2015）。植物精油还受到季节变化的影响（Sá et al.，2016），比如三种南非鼠尾草属植物挥发油成分及溶剂提取物生物活性均存在季节变化（Kamatou et al.，2008）。印度北部柠檬桉（*Eucalyptus citriodora*）精油含量不同月份变异为1.0%~2.1%，4~9月精油含量较高，11月至次年3月含量较低；叶精油中主要成分香茅醛含量在夏季和雨季下降，其他主要成分在夏季和雨季上升（Manika et al.，2012）。

1.1.4 植物精油开发利用

植物精油利用历史久远，可追溯到古代文明古国，如中国、埃及、阿拉伯和古希腊等。植物精油主要由萜烯类化合物以及醇类、醛类、酮类等成分组成，约占总成分的70%，具有很高的商用价值，被广泛应用于医疗保健、食品工业、生态旅游、果蔬保鲜、害虫防治和日化产品等领域（Xu et al.，2017），并被证明对人体健康有益，如抗衰老、抗氧化、抗炎、防紫外线、抗癌、抗皱、舒缓皮肤、美白、保湿等。按化学结构不同，植物精油可分为芳香族、脂肪族、萜类以及含氧衍生物。芳香和药用植物的提取物已被广泛用作药用化妆品或滋养型化妆品中的有效活性成分，尤其是在局部用药和护肤配方中（Cheng et al.，2004；Lee et al.，2006）。植物天然精油具有较好的安全性，近年来，植物精油作为天然添加活性成分的使用日益广泛，为了迎合消费者需求升级，无论是食品行业还是医疗保健，或是美容领域都将植物精油列入主要添加成分之一。

我国是天然精油植物资源大国，富含植物精油的植物有樟科、木兰科、柏科、菊科、芸香科、唇形花科、伞形花科、姜科、桃金娘科、龙脑香科等（庞建光等，2003）。可利用的植物资源已达到60多科，樟科植物就是其中之一，以云南、广西、广东、海南、湖南、湖北、贵州、福建等省（自治区）产量最大（王岚，2003）。时至今日，大量植物精油被开发利用，在医药、日用领域起着重要的作用。比如，柠檬精油具有祛风、解热、清凉、降血压的功效，在药品、食品、日用品、保健品、化妆品、生理和心理医疗等多个领域发挥着特定的作用（蔡诗鸿等，2018）。薰衣草精油由不同种类的萜类化合物组成，萜类成分主要由芳樟醇、桉树脑、樟脑、罗勒烯组成，具有镇静催眠、解痉、抗菌、抗氧化的功能，被广泛用于医药和化妆品领域（胡锦亮等，2018）。迷迭香精油具有较强的抗氧化活性和抑菌活性（林芮昀，2018），抗菌消炎效果好，具有极高的药用价值。由于精油具备良好的抗菌与杀虫效果，也广泛应用于水果蔬菜的保鲜与生物农药的开发。如丁香或山苍子精油制成的微型胶囊或复合涂膜对水果与肉类保鲜具有良好效果（李亚萍，2021；李结瑶等，2022）；猪毛蒿、薄荷、罗勒等精油对玉米象、小菜蛾具有一定杀虫活性，可用于生物农药制剂的开发（钟剑章等，2020；杨二妹等，2021）。除此之外，植物精油还应用于动物营养的研究，众多植物精油对于动物生长性能、营养消化、免疫力提升具有重要作用，常将植物精油添加到饲料中，来提升动物日粮质量，从而达到增产的目的（彭灿阳等，2016）。

1.2 黄樟研究现状

1.2.1 黄樟概述

1.2.1.1 黄樟分类地位和分布

樟科植物属于较为原始的木兰亚纲原始类群，是研究单子叶与真双子叶植物起源与演化的重要类群之一。目前，樟科植物中樟、牛樟、山苍子等有限的樟科植物染色体级基因组均对木兰亚纲分类位置进行了研究与讨论（Chaw et al.，2019；Chen et al.，2020）。樟科植物起源古老，最早发现的樟科植物化石为第三纪古新期。全世界樟科植物约有 45 属 2850 余种，在中国分布约有 20 属 423 种 43 个变种和 5 个变型（Christenhusz et al.，2016），多为具芳香性常绿高大乔木或灌木，主要分布于热带、亚热带及暖温带地区，尤其东南亚和南美洲地区分布丰富。樟科植物能够适应多种生态环境，在中国大多数种类集中分布在长江以南各地，只有少数落叶种类分布较北。

樟属（*Cinnamomum*）约 250 种，主要分布于亚热带、热带亚洲东部、澳大利亚和太平洋岛屿。我国分布 46 种和 1 变型，主要分布于南方各地。樟属植物富含精油，具有芳香健胃作用。

樟组［Sect. *Camphora*］是樟属下的一组，在中国主要分布于长江流域以南地区，在江西、福建、广东、浙江、台湾等南方地区分布较多。樟组包含樟、黄樟、猴樟等 17 个树种，枝叶中富含精油。

黄樟为樟科樟属樟组植物，《Flora of China》中修订学名为：*Cinnamomum*

parthenoxylon（Jack）Meisner。民间也称之为“大叶樟”“黄槁”“山椒”等。在我国云南与泰国或越南接壤的少数民族地区也称之为“蒲香树”“梅崇”（傣语）等，寓意为一种具有香味的树（图 1–2）。在我国主要分布于长江流域以南的广东、广西、福建、江西、湖南、四川、云南、海南等省（自治区），生境多为海拔 1500m 以下的常绿阔叶林。根据现有资料，其分布区范围自我国亚热带地区向南延伸至越南半岛、印度半岛、巴基斯坦、马来西亚、印度尼西亚等热带地区（中国科学院中国植物志编辑委员会，1990）。

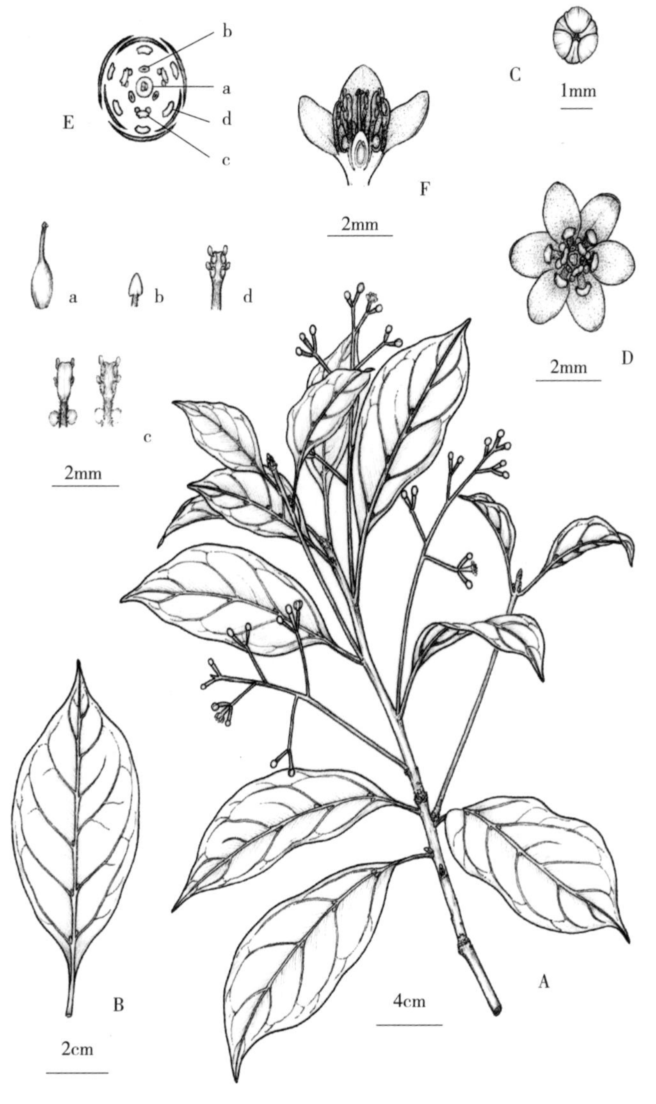

图 1–2 黄樟 *Cinnamomum parthenoxylon*（**Jack**）**Meisner 科学画**（田径绘）

A. 开花枝条；B. 叶片；C. 花蕾俯视面；D. 花俯视面；E. 花程式；F. 花纵剖面
a. 雌蕊；b. 退化雄蕊；c. 内轮可育雄蕊；d. 外两轮可育雄蕊

黄樟为常绿乔木，树干通直，高10~20m，胸径可达40cm以上；树皮暗灰褐色，深纵裂，小片剥落；枝条粗壮，圆柱形，小枝具棱角，灰绿色，无毛；叶互生，通常为椭圆状卵形或长椭圆状卵形，在花枝上的稍小，先端通常急尖或短渐尖，基部楔形或阔楔形，革质，羽状脉，侧脉每边4~5条，与中脉两面明显，叶柄长1.5~3cm，腹凹背凸，无毛；圆锥花序于枝条上部腋生或近顶生，花小，长约3mm，绿带黄色，花梗纤细，花被外面无毛，内面被短柔毛，花被筒倒锥形，花被裂片宽长椭圆形，具点，先端钝形。能育雄蕊9，花丝被短柔毛，花药卵圆形，与扁平的花丝近相等，花药长圆形，花丝扁平，近基部有一对具短柄的近心形腺体。退化雄蕊3，位于最内轮，三角状心形，柄被短柔毛；子房卵珠形，无毛，花柱弯曲，柱头盘状；果球形，直径6~8mm，黑色；花期3~5月，果期4~10月（图1–2）。

1.2.1.2 黄樟的用途

黄樟是我国南方重要的特种经济、材用和乡土绿化树种。其木质坚实、纹理清晰，兼之有特殊香气，木材加工时，切面平滑而光泽，极少开裂，可用于上等家具的制作原料，是一种珍贵木材，在造船、家具、工艺品、建筑领域具有重要的作用。黄樟在民间有初步利用的历史，如印度尼西亚苏门答腊岛的巴塔克人将其枝叶作为蒸气洗浴的原料（Silalahi et al.，2018）；泰国与印度部分地区采用黄樟的树皮与叶制成香料或茶叶（Saetan，2018）；我国将黄樟叶作为传统中药用于祛风退热或作为天蚕养殖的饲料等。随着时代与科技的发展，黄樟得到进一步开发与利用，其枝叶、木材、根的精油或其他提取物被分离纯化，多种成分具有抗菌、抗炎、抗肿瘤、抗氧化等功效，部分提取物已经应用于医药与保健领域（Souwalak et al.，2007；Sukcharoen et al.，2017），特别是其精油作为天然香料和化工原料被广泛用于食品、医药和日用化工等行业。

1.2.2 黄樟研究进展

黄樟现有研究较少，已有研究主要集中在黄樟精油化学成分、抗菌活性、遗传多样性等方面。被研究较早的黄樟资源是广东省紫金县的黄樟居群，朱亮锋等（1985）对广东紫金黄樟研究表明，黄樟叶中右旋芳樟醇含量可达95%，此外，还鉴定了其他已知化学成分29种。黄樟具有多种化学型，仅广东紫金县一个野生黄樟居群中就鉴定了芳樟醇型、柠檬醛型、松油醇型、桉叶油素型、樟脑型、丁香酚甲醚型、橙花叔醇型 7 种不同的化学型（吴航等，1992）。从广东白溪黄樟居群叶精油中共鉴定了 65 种化学成分，并划分了 8 个化学型（Qiu et al.，2019）。除此之外，从江西井冈山黄樟叶精油中检测出 42 种化学成分（张秋根等，1994），从江西青原山黄樟叶精油中分离并鉴定了 40 种化学成分，其中萜类化合物 36 种（罗永明等，2003）。黄樟根油具有抑抗细菌和真菌活性（Phongpaichit et al.，2006），从黄樟根皮精油中提取出 30 多种化合物，从木材精油中提取出 20 多种化合物，根皮精油成分以苯甲酸苄酯（52%）为主，而木材精油成分以黄樟油素（90.3%）为主（Dũng et al.，1995），果实精油成分主要为樟脑与黄樟油素（Yang et al.，2011）。Uthairatsamee 等（2012）用 ISSR 分子标记对泰国南部的 6 个黄樟居群中 117 个黄樟个体的遗传多样性进行了研究，根据不同黄樟居群的遗传多样性差异，提出了黄樟资源的保存建议。在黄樟无性繁育体系建立及生长等方面也做了少量研究（曹展波等，2015；邱凤英等，2017；戴小英等，2018）。相关学者对泰国黄樟精油的抗菌活性、抗氧化活性、抗肿瘤活性进行研究，结果表明黄樟精油具有较强的抗菌抗氧化活性，并对前列腺肿瘤细胞具有抑制作用（Tangjitjaroenkun et al.，2020）。此外，邱凤英等对黄樟全长转录组进行研究，初步探明了部分萜类化合物生物合成相关基因，并构建了不同化学型基因表达谱（Qiu et al.，2019）。除了精油以外，对黄樟的黄酮类、酚类等提取物也做了一些研究，如黄樟酚类、单宁类、生物碱等提取物能够提高胰岛素水平，从而发挥降糖作用，在治疗糖尿病药物开发中具备巨大潜力（Jia et al.，2009；Asmaliyah et al.，2021），苯丙素化合物具有较强的抗白血病活性（Adfa et al.，2016）；叶中的黄酮类化合物——芦丁苷具有一定的抗氧化性能，具备保护肝脏的功效（Pardede et al.，2017）；木材的提取物对于白蚁、真菌有抑制作用（Adfa et al.，2020）。

第2章 黄樟叶精油变异研究

黄樟是开发利用潜力大、经济效益高的香料资源植物。截至目前，人们对黄樟精油化学成分研究较少，其精油含量和主要化学成分特点及其随区域和时间变异规律等均不清楚，加之资源获取难度大，制约了黄樟精油资源的开发利用。

本章以我国黄樟主要分布区广东、云南、湖南、江西、广西黄樟资源为对象，对黄樟叶精油含量和化学成分进行系统研究，解析黄樟叶精油含量、化学成分及含量水平、分布格局、区域和时间变异规律，为黄樟良种选育、高效培育、适时采收及开发利用奠定理论基础。

2.1 黄樟叶精油区域变异研究

2.1.1 试验材料与方法

2.1.1.1 试验材料

本研究植物材料于2016—2017年的6~8月，采自广东、云南、湖南、江西、广西5省（自治区）的黄樟天然居群，共计采集黄樟天然居群20个，随机采样，从564株黄樟大树上采集叶样，样株间距离50m以上，用GPS记录样株详细的经纬度和海拔信息。黄樟各居群采样信息见表2-1。黄樟采样分布为：广东省天然居群5个（GD1、GD2、GD3、GD4、GD5），采样130株；云南省天然居群5个（YN1、YN2、YN3、YN4、YN5），采样134株；湖南省天然居群3个（HN1、HN2、HN3），采样90株；江西省天然居群5个（JX1、JX2、JX3、JX4、JX5），采样150株；广西壮族自治区天然居群2个（GX1、GX2），采样60株。每株采集新鲜叶样300g左右，混匀，均分为3份，分别称重，密闭保存。

表 2–1　黄樟天然居群信息

序号	采样地点	居群名称	样本数（个）	地理坐标		海拔（m）
				纬度 N	经度 E	
1	广东紫金县白溪省级自然保护区	GD1	30	23° 43′ 17″	115° 13′ 08″	330~460
2	广东紫金县九和镇	GD2	30	23° 27′ 04″	115° 01′ 00″	70~110
3	广东紫金县中坝镇	GD3	30	23° 38′ 41″	115° 16′ 26″	250~290
4	广东始兴县	GD4	30	24° 36′ 32″	113° 01′ 28″	280~364
5	广东从化区吕田镇	GD5	10	23° 48′ 44″	113° 57′ 12″	224~310
6	云南西双版纳傣族自治州勐腊县	YN1	18	21° 55′ 37″	101° 15′ 01″	541~560
7	云南西双版纳傣族自治州勐海县西定乡	YN2	30	21° 56′ 23″	100° 09′ 19″	1728~1860
8	云南西双版纳傣族自治州勐海县勐混镇	YN3	30	21° 54′ 26″	100° 21′ 37″	1202~1279
9	云南西双版纳傣族自治州勐海县勐海镇	YN4	30	21° 59′ 57″	100° 26′ 51″	1165~1206
10	云南西双版纳傣族自治州勐海县勐宋镇	YN5	26	22° 02′ 12″	100° 32′ 26″	1220~1342
11	湖南九嶷山国家级自然保护区	HN1	30	25° 15′ 19″	111° 57′ 05″	650~710
12	湖南九嶷山乡牛头江	HN2	30	25° 16′ 50″	112° 11′ 11″	650~760
13	湖南绥宁黄桑国家级自然保护区	HN3	30	26° 24′ 53″	110° 47′ 29″	570~680
14	江西安远县	JX1	30	25° 17′ 17″	115° 30′ 11″	360~550
15	江西井冈山	JX2	30	26° 38′ 16″	114° 15′ 47″	448~760
16	江西崇义齐云山国家级自然保护区	JX3	30	25° 52′ 38″	114° 01′ 58″	640~1090
17	江西石城县	JX4	30	26° 04′ 21″	116° 21′ 01″	330~536
18	江西九连山国家级自然保护区	JX5	30	24° 35′ 53″	114° 31′ 48″	740~910
19	广西防城港	GX1	30	21° 44′ 48″	108° 02′ 47″	20~140
20	广西金花茶国家级自然保护区	GX2	30	21° 48′ 54″	08° 07′ 57″	80~270

2.1.1.2　试验方法

（1）叶精油提取

采用水蒸气蒸馏法提取叶片挥发性精油，水蒸气蒸馏时间 2h，精油称重后，低温下密闭保存。

（2）叶精油化学成分分析

气相色谱 – 质谱联用：采用岛津 QP2020 GC–MS 仪进行 GC–MS 分析（色谱柱：SH–RXI–5SILMS，30m × 0.25mm × 0.25 μm）。GC–MS 程序：80℃ 保留 2min，

8℃ /min 升至 160℃，再以 8℃ /min 升至 250℃，保留 2min。每次进样量 1.0μL，分流比 20 ∶ 1。进样口温度 280℃，EI 离子源温度 230℃，连接线温度 200℃。MS 扫描范围（*m/z*）：50~650。每次取叶精油 30μL 溶解于 1mL 无水乙醇中上机检测。

定性分析：采用 GC-MS 联用仪数据处理系统，检索 NIST-MS 图谱库，通过与文献或 NIST 8.0 标准的保留指数比较，确定在相同操作条件下正构烷烃（C9~C33）的保留指数。通过与 NIST 8.0 库中的质谱或与现有文献（Adams，2007；Chalchat et al.，2008；Ribeiro et al.，2008；Andrade et al.，2009；Bordiga et al.，2013）中的质谱进行比较，进一步鉴定化学成分，分别确定 564 个黄樟样品精油的化学成分。

定量分析：采用 GC-MS 联用仪数据处理系统，按各样品精油的色谱图峰面积进行计算，分组对各化学成分含量进行校正，烯类、醇类、酮类、醛类、醚类、酚类、酯类分别用 β-蒎烯、桉叶油素、2-十二酮、十四醛、正戊醚、丁香酚和棕榈酸甲酯等标准品标定校正曲线，方法参照 Zheljazkov 等（2008）和 Naik 等（2011）。

（3）数据分析与应用软件

应用 SPSS22.0 软件对 5 个省（自治区）20 个天然居群黄樟叶精油中主要化学成分进行聚类分析（HCA），利用组间连接法进行聚类分析，并选择欧氏距离平方和法构建树状图，根据 20 个黄樟天然居群精油含量和 9 种主要化学型个体数量将 20 个天然居群划分为若干类群。

对 5 个省 20 个天然居群黄樟叶精油中主要化学成分的主成分分析（PCA）基于 R 软件（Team RC，2012）的 prcomp 包，绘图使用 ggplot，autoplot 包。

采用 SPSS22.0 软件对叶精油与环境因子、气候因子进行相关分析。

20 个天然居群的纬度、经度、海拔数据由 GPS 测定，居群所在地年降水量和年均气温数据从中国气象数据网（http：//data.cma.cn/data/cdcindex/cid/6d1b5efbdcbf9a58.html）获取。

叶精油含量计算公式：叶精油含量（mg/g）= 精油质量（mg）/ 叶鲜质量（g）

或：叶精油含量（%）= 精油质量（g）/ 叶鲜质量（g）× 100

计算各取样居群样株精油含量变异系数采用以下公式：

$$C_v=\sigma/\mu$$

式中：C_v 表示变异系数；σ 表示标准差；μ 表示平均值。

2.1.2　结果与分析

2.1.2.1　广东黄樟叶精油研究

（1）广东黄樟叶精油含量及第一主成分

从广东白溪省级自然保护区黄樟居群随机采集的 30 株样品的叶精油含量、第一主成分及含量见表 2–2。由表可知，广东白溪省级自然保护区黄樟居群叶精油含量变化范围较大，最低仅 0.02%，最高达 2.28%。叶精油中第一主成分丰富，包括芳樟醇、桉叶油素、甲基异丁香酚、柠檬醛、反式 – 橙花叔醇、龙脑、榄香醇、樟脑、4– 萜品醇等 9 种，其中芳樟醇、桉叶油素、柠檬醛出现频率较高。叶精油中第一主成分的含量变化范围也较大，最低为植株 GD1–13 叶精油中第一主成分柠檬醛，含量仅 24.59%；最高的为植株 GD1–17 叶精油中第一主成分樟脑，含量达 96.16%。本居群中芳樟醇、桉叶油素、柠檬醛资源丰富，可作为芳樟醇、桉叶油素、柠檬醛资源选育的重要遗传群体。

表 2–2　广东白溪省级自然保护区黄樟居群（GD1）叶精油含量及第一主成分　%

样株号	叶精油含量	第一主成分	第一主成分含量	样株号	叶精油含量	第一主成分	第一主成分含量
GD1–1	0.62	芳樟醇	72.23	GD1–16	0.92	桉叶油素	34.71
GD1–2	0.11	桉叶油素	31.00	GD1–17	0.51	樟脑	96.16
GD1–3	0.33	甲基异丁香酚	58.92	GD1–18	0.21	甲基异丁香酚	38.51
GD1–4	0.57	桉叶油素	32.16	GD1–19	0.47	柠檬醛	24.10
GD1–5	0.36	柠檬醛	25.41	GD1–20	0.14	榄香醇	31.46
GD1–6	1.14	芳樟醇	87.90	GD1–21	0.49	芳樟醇	66.86
GD1–7	1.06	柠檬醛	34.10	GD1–22	0.85	樟脑	35.65
GD1–8	0.58	芳樟醇	60.91	GD1–23	1.07	芳樟醇	89.87
GD1–9	0.75	桉叶油素	37.66	GD1–24	1.14	芳樟醇	70.15
GD1–10	1.26	芳樟醇	90.45	GD1–25	0.41	芳樟醇	35.25
GD1–11	0.45	芳樟醇	47.73	GD1–26	0.66	4– 萜品醇	43.95
GD1–12	0.02	反式 – 橙花叔醇	44.00	GD1–27	2.28	桉叶油素	40.11
GD1–13	0.48	柠檬醛	24.59	GD1–28	0.57	甲基异丁香酚	73.79

（续）

样株号	叶精油含量	第一主成分	第一主成分含量	样株号	叶精油含量	第一主成分	第一主成分含量
GD1-14	0.50	桉叶油素	28.95	GD1-29	1.13	桉叶油素	34.88
GD1-15	1.52	龙脑	91.51	GD1-30	0.18	4- 萜品醇	54.93

从广东九和黄樟居群随机采集的 30 株样品的叶精油含量、第一主成分及含量见表 2-3。由表可知，广东九和黄樟居群叶精油含量变化范围在 0.03%~2.79% 之间，叶精油含量最高的植株（GD2-25）是叶精油含量最低植株（GD2-8）的 93 倍。叶精油中第一主成分比较丰富，包括樟脑、桉叶油素、芳樟醇、反式 - 橙花叔醇、柠檬醛、榄香醇等 6 种，其中反式 - 橙花叔醇、桉叶油素、柠檬醛出现频率较高。叶精油中第一主成分的含量变化范围为 18.60%~98.29%。本居群中反式 - 橙花叔醇、桉叶油素、柠檬醛资源丰富，可作为反式 - 橙花叔醇、桉叶油素、柠檬醛资源选育的重要遗传群体。

表 2-3　广东九和黄樟居群（GD2）叶精油含量及第一主成分　%

样株号	叶精油含量	第一主成分	第一主成分含量	样株号	叶精油含量	第一主成分	第一主成分含量
GD2-1	0.97	樟脑	98.29	GD2-16	0.94	柠檬醛	35.51
GD2-2	1.32	桉叶油素	36.96	GD2-17	1.40	桉叶油素	40.29
GD2-3	0.23	芳樟醇	27.76	GD2-18	1.14	桉叶油素	36.99
GD2-4	0.39	樟脑	92.11	GD2-19	0.33	柠檬醛	52.00
GD2-5	0.52	桉叶油素	32.05	GD2-20	0.17	反式 - 橙花叔醇	28.23
GD2-6	0.05	反式 - 橙花叔醇	46.97	GD2-21	0.43	樟脑	68.16
GD2-7	0.27	桉叶油素	37.49	GD2-22	0.80	柠檬醛	26.20
GD2-8	0.03	反式 - 橙花叔醇	38.09	GD2-23	1.11	柠檬醛	32.64
GD2-9	0.20	反式 - 橙花叔醇	27.50	GD2-24	0.94	柠檬醛	35.57
GD2-10	0.51	桉叶油素	28.07	GD2-25	2.79	芳樟醇	89.26
GD2-11	0.75	反式 - 橙花叔醇	27.49	GD2-26	1.61	芳樟醇	81.29
GD2-12	0.42	反式 - 橙花叔醇	37.53	GD2-27	1.22	柠檬醛	48.90
GD2-13	0.17	反式 - 橙花叔醇	39.01	GD2-28	0.96	柠檬醛	42.23
GD2-14	0.42	樟脑	86.35	GD2-29	0.33	榄香醇	18.60
GD2-15	0.16	反式 - 橙花叔醇	37.07	GD2-30	0.57	樟脑	92.76

从广东中坝黄樟居群随机采集的 30 株样品的叶精油含量、第一主成分及含量见表 2–4。由表可知，广东中坝黄樟居群叶精油含量变化范围在 0.03%~2.24% 之间，叶精油含量最高的植株（GD3–29）是叶精油含量最低植株（GD3–21）的 74.7 倍。叶精油中第一主成分比较丰富，包括樟脑、4– 萜品醇 、反式 – 橙花叔醇、柠檬醛、桉叶油素、甲基异丁香酚、芳樟醇等 7 种，其中樟脑和桉叶油素出现频率较高。叶精油中第一主成分的含量变化范围在 22.95%~96.58% 之间。本居群中樟脑和桉叶油素资源丰富，可作为樟脑和桉叶油素资源选育的重要遗传群体。

表 2–4　广东中坝黄樟居群（GD3）叶精油含量及第一主成分　%

样株号	叶精油含量	第一主成分	第一主成分含量	样株号	叶精油含量	第一主成分	第一主成分含量
GD3–1	0.34	樟脑	89.76	GD3–16	0.75	樟脑	94.28
GD3–2	0.90	4– 萜品醇	39.83	GD3–17	1.33	樟脑	92.34
GD3–3	0.30	反式 – 橙花叔醇	42.72	GD3–18	0.96	樟脑	94.08
GD3–4	0.72	柠檬醛	28.12	GD3–19	0.23	柠檬醛	33.12
GD3–5	0.99	桉叶油素	33.15	GD3–20	0.55	柠檬醛	32.64
GD3–6	1.72	桉叶油素	37.30	GD3–21	0.03	反式 – 橙花叔醇	36.87
GD3–7	0.68	柠檬醛	22.95	GD3–22	0.54	桉油醇	29.84
GD3–8	0.55	桉叶油素	33.97	GD3–23	0.06	反式 – 橙花叔醇	40.24
GD3–9	0.06	甲基异丁香酚	54.03	GD3–24	1.39	芳樟醇	65.00
GD3–10	0.71	樟脑	93.40	GD3–25	0.59	桉叶油素	34.66
GD3–11	1.06	樟脑	94.06	GD3–26	0.46	芳樟醇	59.05
GD3–12	0.07	反式 – 橙花叔醇	39.01	GD3–27	0.18	樟脑	95.30
GD3–13	0.17	樟脑	96.58	GD3–28	1.69	4– 萜品醇	34.02
GD3–14	1.22	桉叶油素	38.42	GD3–29	2.24	桉叶油素	39.79
GD3–15	0.55	桉叶油素	40.13	GD3–30	2.22	桉叶油素	38.56

从广东始兴黄樟居群随机采集的 30 株样品的叶精油含量、第一主成分及含量见表 2–5。由表可知，广东始兴黄樟居群叶精油含量变化范围在 0.02%~2.21% 之间，本居群的黄樟叶精油含量普遍较低，取样的植株中有 50% 的植株叶精油含量≤ 0.1%，从叶精油含量指标考虑，本居群不具备高精油含量优良单株选育

的潜力。但本居群黄樟叶精油中第一主成分十分丰富，包括芳樟醇、甲基异丁香酚、花柏烯、柠檬醛、反式-橙花叔醇、4-萜品醇、桉油醇、榄香醇、乙酸龙脑酯9种，其中甲基异丁香酚和反式-橙花叔醇出现频率较高，且出现了花柏烯、乙酸龙脑酯等较为少见的化学型。叶精油中第一主成分的含量变化范围为15.46%~88.66%。本居群中甲基异丁香酚和反式-橙花叔醇资源丰富，可作为甲基异丁香酚和反式-橙花叔醇资源选育的重要遗传群体。

表2-5 广东始兴黄樟居群（GD4）叶精油含量及第一主成分 %

样株号	叶精油含量	第一主成分	第一主成分含量	样株号	叶精油含量	第一主成分	第一主成分含量
GD4-1	2.21	芳樟醇	88.66	GD4-16	0.10	反式-橙花叔醇	37.56
GD4-2	0.43	芳樟醇	62.57	GD4-17	0.95	桉叶油素	42.71
GD4-3	0.24	甲基异丁香酚	23.06	GD4-18	0.13	榄香醇	29.10
GD4-4	0.09	甲基异丁香酚	82.75	GD4-19	0.17	榄香醇	19.49
GD4-5	0.06	花柏烯	20.16	GD4-20	0.10	反式-橙花叔醇	22.75
GD4-6	0.02	柠檬醛	49.07	GD4-21	0.46	4-萜品醇	35.62
GD4-7	0.09	甲基异丁香酚	80.47	GD4-22	0.20	桉叶油素	53.65
GD4-8	0.06	反式-橙花叔醇	56.20	GD4-23	0.07	桉油醇	15.81
GD4-9	0.97	4-萜品醇	18.96	GD4-24	0.07	反式-橙花叔醇	17.49
GD4-10	0.22	柠檬醛	35.13	GD4-25	0.16	反式-橙花叔醇	24.89
GD4-11	0.03	桉油醇	31.57	GD4-26	0.04	乙酸龙脑酯	19.30
GD4-12	0.20	芳樟醇	62.57	GD4-27	0.10	甲基异丁香酚	19.21
GD4-13	0.03	桉油醇	15.46	GD4-28	0.11	甲基异丁香酚	20.17
GD4-14	0.63	桉叶油素	41.37	GD4-29	0.16	甲基异丁香酚	33.04
GD4-15	0.07	榄香醇	27.15	GD4-30	0.02	反式-橙花叔醇	18.56

在广东从化调查到一个黄樟小居群，从居群中共采集到10株黄樟。广东从化黄樟居群样品的叶精油含量、第一主成分及含量见表2-6。由表可知，广东从化黄樟居群叶精油含量变化范围在0.04%~1.24%之间，叶精油中第一主成分包括芳樟醇、柠檬醛、桉叶油素、樟脑、4-萜品醇、反式-橙花叔醇6种，其中芳樟醇和柠檬醛出现频率较高。叶精油中第一主成分的含量变化范围为31.89%~94.07%。

表 2-6 广东从化黄樟居群（GD5）叶精油含量及第一主成分 %

样株号	叶精油含量	第一主成分	第一主成分含量	样株号	叶精油含量	第一主成分	第一主成分含量
GD5-1	0.71	芳樟醇	74.51	GD5-6	1.24	樟脑	93.80
GD5-2	0.20	柠檬醛	32.05	GD5-7	0.12	柠檬醛	31.89
GD5-3	0.60	芳樟醇	80.69	GD5-8	0.59	4- 萜品醇	37.55
GD5-4	0.36	芳樟醇	83.66	GD5-9	0.04	反式 - 橙花叔醇	36.98
GD5-5	0.40	桉叶油素	37.33	GD5-10	1.07	樟脑	94.07

（2）广东黄樟叶精油化学成分

广东 5 个黄樟居群叶精油主要化学成分占比见表 2-7。由表可知，从广东黄樟叶精油中鉴定了 67 种主要化学成分，其中单萜烃类占比 4.56%、含氧单萜类占比 58.24%、倍半萜烃类占比 6.66%、含氧倍半萜类占比 20.34%、其他成分占 4.24%。广东黄樟叶精油化学成分占比排名前 10 的化学成分分别为芳樟醇（占比 14.20%）、樟脑（占比 13.28%）、桉叶油素（占比 7.14%）、反式-橙花叔醇（占比 5.98%）、柠檬醛（占比 5.54%）、4- 萜品醇（占比 4.16%）、L-α-萜品醇（占比 4.04%）、韦得醇（占比 4.04%）、甲基异丁香酚（占比 3.70%）、β-石竹烯（占比 3.04%）。从广东黄樟叶精油主要化学成分占比可知，广东黄樟居群是一个富含芳樟醇、樟脑、桉叶油素、反式-橙花叔醇、柠檬醛、4-萜品醇的遗传资源库，在优良种质资源选育中，可将广东黄樟居群作为芳樟醇、樟脑、桉叶油素、反式-橙花叔醇、柠檬醛、4-萜品醇等化学型良种选育的重点居群。

表 2-7 广东黄樟居群叶精油化学成分占比 %

序号	化学成分	化学成分英文名称	GD1	GD2	GD3	GD4	GD5	平均
	单萜烃	Monoterpenes hydrocarbons	4.7	3.3	5.9	6.9	2.0	4.56
1	3- 侧柏烯	3-Thujene	0.1	0.0	0.2	0.5	0.1	0.18
2	α - 蒎烯	alpha-Pinene	0.8	0.4	1.1	1.4	0.0	0.74
3	β - 水芹烯	beta-Phellandrene	1.8	1.6	2.3	2.5	0.9	1.82
4	β - 蒎烯	beta-Pinene	0.6	0.4	0.7	0.7	0.1	0.50
5	月桂烯	Myrcene	0.1	0.1	0.1	0.2	0.0	0.10
6	o- 伞花烃	o-Cymene	0.8	0.3	0.8	0.4	0.2	0.50

（续）

序号	化学成分	化学成分英文名称	GD1	GD2	GD3	GD4	GD5	平均
7	D- 柠檬烯	D-Limonene	0.2	0.3	0.2	0.2	0.2	0.22
8	γ - 松油烯	gamma-Terpinene	0.1	0.0	0.1	0.4	0.1	0.14
9	1,3,8-对薄荷三烯	1,3,8-p-Menthatriene	0.1	0.1	0.1	0.4	0.0	0.14
10	5-二甲基-1,6-辛二烯	5-dimethyl-1，6-Octadiene	0.1	0.1	0.3	0.2	0.4	0.22
	含氧单萜	Oxygenated monoterpenes	67.3	53	65.3	34.8	70.8	58.24
11	桉叶油素	Eucalyptol	8.8	7.4	10.1	5.0	4.4	7.14
12	反式 - 芳樟醇氧化物	*trans*-Linalool oxide（furanoid）	0.9	0.1	0.7	0.6	0.0	0.46
13	顺式 - 芳樟醇氧化物	*cis*-Linalool oxide	0.9	0.0	0.2	0.2	0.1	0.28
14	芳樟醇	Linalool	22.6	8.0	6.0	8.9	25.5	14.20
15	顺式 - β - 萜品醇	*cis*-beta-Terpineol	0.1	0.0	0.4	0.4	0.0	0.18
16	松香芹醇	Pinocarveol	0.1	0.0	0.1	0.2	0.0	0.08
17	樟脑	Camphor	4.7	15.2	26.5	0.0	20.0	13.28
18	反式 - 环氧芳樟醇	*trans*-Epoxylinalol	0.4	0.0	0.1	0.1	0.0	0.12
19	顺式 - 氧化芳樟醇	*cis*-Epoxylinalol	0.4	0.0	0.1	0.0	0.0	0.10
20	龙脑	Borneol	4.2	0.9	1.5	0.6	0.4	1.52
21	1,3,4-三甲基 -3-环已烯-1-甲醛	1,3,4-trimethyl-3-Cyclohexene-1-carboxaldehyde	0.4	0.4	0.5	0.6	0.5	0.48
22	4- 萜品醇	4-Terpineol	6.8	1.2	4.6	3.4	4.8	4.16
23	L- α - 萜品醇	L-alpha-Terpineol	6.4	3.8	6.3	1.7	2.0	4.04
24	β - 香茅醇	beta-Citronellol	0.5	0.7	0.4	0.2	0.7	0.50
25	β - 柠檬醛	beta-Citral	2.2	4.0	1.7	1.3	3.1	2.46
26	香叶醇	Geraniol	0.3	1.2	0.3	0.1	0.2	0.42
27	2,6-二甲基-1,7-辛二烯-3,6-二醇	2,6-dimethyl-1,7-Octadiene-3,6-diol	0.6	0.0	0.0	0.2	0.0	0.16
28	α-柠檬醛	alpha-Citral	1.9	5.4	2.4	2.1	3.6	3.08
29	3,9-环氧对薄荷烯	3,9-Epoxy-1-p-menthene	0.2	0.1	0.1	0.8	0.6	0.36
30	黄樟油素	Safrole	0.1	0.2	0.1	0.8	0.2	0.28
31	香芹烯酮	Carvenone	0.2	0.0	0.0	0.2	0.1	0.10
32	环氧芳樟醇	Epoxylinalol	0.1	0.0	0.0	0.2	0.7	0.20

（续）

序号	化学成分	化学成分英文名称	GD1	GD2	GD3	GD4	GD5	平均
33	松香二醇	Pinanediol	0.2	0.1	0.1	0.1	0.5	0.20
34	2,4,6-三甲氧基苯甲酸	2,4,6-Trimethoxybenzoic acid	0.7	0.0	0.1	0.3	0.0	0.22
35	乙酸龙脑酯	Borneol acetate	0.3	0.0	0.3	1.6	0.4	0.52
36	马鞭基乙醚	Verbenyl ethyl ether	1.3	0.5	0.4	0.2	1.4	0.76
37	柠檬醛二乙缩醛	Citral diethyl acetal	1.4	1.6	0.9	0.4	0.9	1.04
38	4-羟基-β-紫罗兰酮	4-Hydroxy-beta-ionone	0.2	1.8	0.8	3.2	0.7	1.34
39	甲酸松油酯	Terpinyl formate	0.0	0.2	0.4	1.0	0.0	0.32
40	异丁酸松油酯	Terpinyl isobutyrate	0.2	0.1	0.1	0.2	0.0	0.12
41	反式-二氢香芹基缩醛	*trans*-Dihydrocarvyl acetal	0.2	0.1	0.1	0.2	0.0	0.12
	倍半萜烃	**Sesquiterpene hydrocarbons**	**6.0**	**9.5**	**4.1**	**6.4**	**7.3**	**6.66**
42	顺式-马鞭草醇	*cis*-Verbenol	0.6	0.5	0.3	0.1	0.5	0.40
43	β-石竹烯	beta-caryophyllene	2.6	5.2	2.6	1.5	3.3	3.04
44	α-佛手柑油烯	alpha-Bergamotenea	0.1	0.4	0.0	0.1	0.4	0.20
45	α-石竹烯	alpha-caryophyllene	0.2	0.9	0.3	0.5	0.9	0.56
46	别香橙烯	Alloaromadendrene	0.4	0.3	0.1	0.4	0.7	0.38
47	大根香叶烯 D	Germacrene D	1.4	0.7	0.7	1.7	1.3	1.16
48	β-花柏烯	beta-Chamigrene	0.3	1.1	0.1	1.9	0.2	0.72
49	愈创木 -1（10）,4-二烯	Guaia-1(10),4-diene	0.4	0.4	0.0	0.2	0.0	0.20
	含氧倍半萜	**Oxygenated sesquiterpene**	**10.6**	**30.1**	**19**	**27.3**	**14.7**	**20.34**
50	榄香醇	Elemol	1.3	1.8	0.1	2.8	0.8	1.36
51	反式-橙花叔醇	Nerolidol	2.3	11.0	6.2	5.5	4.9	5.98
52	β-马兜铃烯	beta-Vatirenene	0.1	0.1	0.2	0.4	0.0	0.16
53	桉油烯醇	Spathulenol	1.0	0.2	0.4	1.2	0.2	0.60
54	氧化石竹烯	Caryophyllene oxide	2.5	2.3	2.7	1.9	3.8	2.64
55	草烯环氧化物	Humulene epoxide	0.3	0.3	0.40	0.2	0.7	0.38
56	γ-桉叶醇	gama-eudesmol	0.4	1.2	1.4	2.4	0.9	1.26
57	α-桉叶醇	alpha-eudesmol	0.8	1.5	1.3	0.5	0.2	0.86
58	环氧红没药烯	Bisabolene epoxide	0.3	1.5	0.4	3.3	0.4	1.18
59	金合欢醇	Farnesol	0.1	0.6	0.2	2.2	0.2	0.66

（续）

序号	化学成分	化学成分英文名称	GD1	GD2	GD3	GD4	GD5	平均
60	韦得醇	Widdrol	1.1	9.3	5.1	2.1	2.6	4.04
61	表蓝桉醇	Epiglobulol	0.1	0.1	0.3	0.4	0.0	0.18
62	环氧马兜铃烯	Aristolene epoxide	0.1	0.1	0.2	0.7	0.0	0.22
63	β-桉叶醇	beta-Eudesmol	0.0	0.0	0.0	1.8	0.0	0.36
64	异丁酸橙花叔酯	Nerolidol isobutyrate	0.1	0.1	0.1	1.1	0.0	0.28
65	丙酸橙花叔酯	Nerolidyl propionate	0.1	0.0	0.0	0.8	0.0	0.18
	其他	Others	7.3	0.1	2.6	8.7	2.5	4.24
66	甲基丁香酚	Methyleugenol	0.7	0.1	0.1	0.1	1.7	0.54
67	甲基异丁香酚	Methylisoeugenol	6.6	0.0	2.5	8.6	0.8	3.70

2.1.2.2　云南黄樟叶精油研究

（1）云南黄樟叶精油含量及第一主成分

从云南勐腊黄樟居群采集的 18 株样品的叶精油含量、第一主成分及含量见表 2-8。由表可知，云南勐腊黄樟居群叶精油含量变化范围为 0.05%~1.76%，叶精油含量最高的植株（YN1-12）是叶精油含量最低植株（YN1-5）的 35.2 倍。叶精油中第一主成分比较单一，包括反式 - 橙花叔醇、樟脑和桉叶油素 3 种，其中樟脑出现频率较高，占总株数的 66.7%。叶精油中第一主成分的含量变化范围为 19.62%~99.23%，其中樟脑的含量均在 91.53% 以上。本居群中樟脑资源丰富且含量高，可作为樟脑选育的重要遗传群体。

表 2-8　云南勐腊县黄樟居群（YN1）叶精油含量及第一主成分　　%

样株号	叶精油含量	第一主成分	第一主成分含量	样株号	叶精油含量	第一主成分	第一主成分含量
YN1-1	0.05	反式-橙花叔醇	26.35	YN1-10	1.54	桉叶油素	43.48
YN1-2	0.53	樟脑	98.80	YN1-11	1.06	樟脑	97.04
YN1-3	1.16	樟脑	97.90	YN1-12	1.76	桉叶油素	42.83
YN1-4	0.88	樟脑	91.53	YN1-13	1.48	桉叶油素	43.64
YN1-5	0.05	反式-橙花叔醇	19.62	YN1-14	0.70	樟脑	96.79
YN1-6	0.30	樟脑	99.23	YN1-15	1.72	樟脑	92.91
YN1-7	0.79	樟脑	96.03	YN1-16	1.34	桉叶油素	42.61

（续）

样株号	叶精油含量	第一主成分	第一主成分含量	样株号	叶精油含量	第一主成分	第一主成分含量
YN1–8	1.58	樟脑	97.57	YN1–17	1.72	樟脑	94.18
YN1–9	1.00	樟脑	97.28	YN1–18	1.51	樟脑	96.33

从云南西定黄樟居群随机采集的 30 株样品的叶精油含量、第一主成分及含量见表 2–9。由表可知，云南西定黄樟居群叶精油含量变化范围为 0.21%~2.17%，叶精油含量最高的植株（YN2–5）是叶精油含量最低植株（YN2–27）的 10.3 倍。叶精油中第一主成分也较为单一，包括樟脑、桉叶油素和芳樟醇 3 种，其中樟脑和桉叶油素出现频率较高，分别占总株数的 53.3% 和 43.3%。叶精油中第一主成分的含量变化范围在 26.46%~98.96% 之间，其中樟脑的含量均在 92.93% 以上。本居群中樟脑和桉叶油素资源丰富，且樟脑含量高，可作为樟脑和桉叶油素选育的重要遗传群体。

表 2–9　云南西定黄樟居群（YN2）叶精油含量及第一主成分　　%

样株号	叶精油含量	第一主成分	第一主成分含量	样株号	叶精油含量	第一主成分	第一主成分含量
YN2–1	1.31	樟脑	93.94	YN2–16	0.37	樟脑	98.96
YN2–2	1.51	桉叶油素	44.47	YN2–17	0.76	樟脑	97.34
YN2–3	1.56	桉叶油素	44.19	YN2–18	1.47	芳樟醇	78.45
YN2–4	1.62	桉叶油素	41.78	YN2–19	0.86	樟脑	96.94
YN2–5	2.17	桉叶油素	37.41	YN2–20	0.21	樟脑	96.16
YN2–6	1.41	桉叶油素	42.33	YN2–21	0.37	桉叶油素	26.46
YN2–7	1.98	桉叶油素	37.40	YN2–22	1.97	桉叶油素	37.28
YN2–8	0.56	樟脑	97.29	YN2–23	0.35	樟脑	97.60
YN2–9	1.10	樟脑	97.10	YN2–24	0.29	樟脑	92.93
YN2–10	1.68	桉叶油素	44.24	YN2–25	0.83	桉叶油素	43.48
YN2–11	1.10	樟脑	98.47	YN2–26	0.42	樟脑	96.35
YN2–12	0.22	樟脑	96.03	YN2–27	0.21	樟脑	98.46
YN2–13	1.17	樟脑	98.01	YN2–28	1.70	桉叶油素	43.77
YN2–14	1.04	桉叶油素	33.47	YN2–29	0.98	樟脑	98.88
YN2–15	1.01	樟脑	97.80	YN2–30	1.46	桉叶油素	44.81

从云南勐混黄樟居群随机采集的30株样品的叶精油含量、第一主成分及含量见表2-10。由表可知，云南勐混黄樟居群叶精油含量变化范围为0.03%~2.60%，叶精油含量最高的植株（YN3-27）是叶精油含量最低植株（YN3-1）的86.6倍。叶精油中第一主成分主要包括反式-橙花叔醇、樟脑、桉叶油素和芳樟醇4种，其中樟脑出现频率较高，占总株数的60%。叶精油中第一主成分的含量变化范围在23.58%~98.73%之间，其中樟脑的含量均在88.19%以上。本居群中樟脑资源丰富，且樟脑含量高，可作为樟脑选育的重要遗传群体。

表2-10　云南勐混黄樟居群（YN3）叶精油含量及第一主成分　%

样株号	叶精油含量	第一主成分	第一主成分含量	样株号	叶精油含量	第一主成分	第一主成分含量
YN3-1	0.03	反式-橙花叔醇	24.39	YN3-16	0.19	反式-橙花叔醇	23.58
YN3-2	0.64	樟脑	97.40	YN3-17	0.78	樟脑	97.34
YN3-3	1.06	樟脑	97.90	YN3-18	0.27	樟脑	94.24
YN3-4	0.79	樟脑	91.72	YN3-19	1.97	芳樟醇	83.30
YN3-5	0.27	樟脑	97.88	YN3-20	1.43	樟脑	91.69
YN3-6	0.82	樟脑	88.19	YN3-21	0.61	芳樟醇	63.82
YN3-7	0.49	樟脑	98.14	YN3-22	1.22	樟脑	96.91
YN3-8	1.76	樟脑	96.22	YN3-23	1.14	樟脑	94.46
YN3-9	0.73	樟脑	98.73	YN3-24	1.72	桉叶油素	42.45
YN3-10	1.16	樟脑	96.80	YN3-25	2.12	芳樟醇	81.68
YN3-11	0.98	樟脑	96.87	YN3-26	1.90	桉叶油素	44.39
YN3-12	1.82	桉叶油素	42.51	YN3-27	2.60	桉叶油素	43.74
YN3-13	1.29	樟脑	97.71	YN3-28	1.72	桉叶油素	37.58
YN3-14	0.53	樟脑	97.46	YN3-29	1.53	桉叶油素	43.90
YN3-15	0.08	反式-橙花叔醇	25.87	YN3-30	0.45	樟脑	94.30

从云南勐海黄樟居群随机采集的30株样品的叶精油含量、第一主成分及含量见表2-11。由表可知，云南勐海黄樟居群叶精油含量变化范围为0.11%~4.13%，叶精油含量最高的植株（YN4-9）是叶精油含量最低植株（YN4-13）的37.6倍。叶精油中第一主成分主要包括樟脑、芳樟醇、桉叶油素、反式-橙花叔醇4种，

其中樟脑和桉叶油素出现频率较高，分别占总株数的 53.3% 和 36.7%。叶精油中第一主成分的含量变化范围为 19.71%~99.40%，其中樟脑的含量均在 92.47% 以上。本居群中樟脑和桉叶油素资源丰富，且樟脑含量高，可作为樟脑和桉叶油素选育的重要遗传群体。

表 2-11　云南勐海黄樟居群（YN4）叶精油含量及第一主成分　%

样株号	叶精油含量	第一主成分	第一主成分含量	样株号	叶精油含量	第一主成分	第一主成分含量
YN4-1	1.02	樟脑	92.47	YN4-16	1.88	樟脑	99.00
YN4-2	1.45	芳樟醇	79.79	YN4-17	2.01	桉叶油素	42.19
YN4-3	1.91	樟脑	97.72	YN4-18	1.37	樟脑	98.60
YN4-4	2.59	樟脑	97.36	YN4-19	1.02	樟脑	99.38
YN4-5	2.03	桉叶油素	44.78	YN4-20	2.18	桉叶油素	41.67
YN4-6	1.98	反式-橙花叔醇	19.71	YN4-21	0.69	樟脑	95.36
YN4-7	2.35	桉叶油素	42.05	YN4-22	0.89	樟脑	99.18
YN4-8	1.87	桉叶油素	40.92	YN4-23	1.18	樟脑	98.87
YN4-9	4.13	桉叶油素	44.82	YN4-24	1.41	樟脑	99.40
YN4-10	1.85	桉叶油素	41.33	YN4-25	2.03	桉叶油素	43.55
YN4-11	2.40	桉叶油素	44.34	YN4-26	1.52	樟脑	98.92
YN4-12	1.98	桉叶油素	39.64	YN4-27	1.37	樟脑	98.30
YN4-13	0.11	反式-橙花叔醇	22.36	YN4-28	1.20	樟脑	98.49
YN4-14	1.19	樟脑	97.92	YN4-29	0.91	樟脑	98.66
YN4-15	1.88	桉叶油素	45.25	YN4-30	1.30	樟脑	99.18

从云南勐宋黄樟居群随机采集的 26 株样品的叶精油含量、第一主成分及含量见表 2-12。由表可知，云南勐宋黄樟居群叶精油含量变化范围为 0.23%~3.46%，叶精油含量最高的植株（YN5-5）是叶精油含量最低植株（YN5-6）的 15 倍。叶精油中第一主成分单一，主要包括樟脑和桉叶油素，其中樟脑占总株数的 96.7%。叶精油中第一主成分的含量变化范围为 47.22%~99.17%，其中樟脑的含量均在 95.2% 以上。本居群中樟脑资源十分丰富，且樟脑含量极高，可作为樟脑选育的重点遗传群体。

表 2-12　云南勐宋黄樟居群（YN5）叶精油含量及第一主成分　%

样株号	叶精油含量	第一主成分	第一主成分含量	样株号	叶精油含量	第一主成分	第一主成分含量
YN5-1	1.86	樟脑	98.17	YN5-14	1.97	桉叶油素	47.22
YN5-2	1.98	樟脑	98.32	YN5-15	1.58	樟脑	98.98
YN5-3	1.40	樟脑	98.34	YN5-16	1.74	樟脑	99.06
YN5-4	2.12	樟脑	95.20	YN5-17	1.43	樟脑	98.90
YN5-5	3.46	樟脑	97.85	YN5-18	1.52	樟脑	98.94
YN5-6	0.23	樟脑	98.89	YN5-19	1.65	樟脑	98.57
YN5-7	1.98	樟脑	99.07	YN5-20	1.25	樟脑	99.17
YN5-8	0.73	樟脑	99.05	YN5-21	0.44	樟脑	98.55
YN5-9	1.29	樟脑	98.95	YN5-22	1.13	樟脑	99.05
YN5-10	1.56	樟脑	98.76	YN5-23	1.61	樟脑	99.04
YN5-11	1.71	樟脑	98.70	YN5-24	1.57	樟脑	98.29
YN5-12	1.65	樟脑	98.84	YN5-25	1.61	樟脑	99.06
YN5-13	1.95	樟脑	99.01	YN5-26	2.14	樟脑	99.04

（2）云南黄樟叶精油化学成分

云南 5 个黄樟居群叶精油主要化学成分占比见表 2-13。由表可知，从云南黄樟叶精油中鉴定了 43 种主要化学成分，其中单萜烃类占比 6.08%，含氧单萜类占比 86.74%，倍半萜烃类占比 1.20%，含氧倍半萜类占比 4.06%，其他成分占 0.34%。云南黄樟叶精油化学成分占比大于 1% 的前 8 名的化学成分分别为樟脑（占比 65.48%）、桉叶油素（占比 10.90%）、L-α-萜品醇（占比 4.34%）、β-水芹烯（占比 3.16%）、芳樟醇（占比 2.76%）、反式-橙花叔醇（占比 1.40%）、4-萜品醇（占比 1.22%）、α-蒎烯（占比 1.00%）。从云南黄樟叶精油主要化学成分占比可知，云南黄樟居群是个富含樟脑和桉叶油素的遗传资源库，尤其樟脑资源十分丰富，在优良种质资源选育中，可将云南黄樟居群作为樟脑型黄樟良种选育的重点居群。

表 2-13　云南黄樟居群叶精油化学成分占比　%

序号	化学成分	化学成分英文名称	YN1	YN2	YN3	YN4	YN5	平均
	单萜烃	Monoterpenes hydrocarbons	7.1	10.5	2.4	9.1	1.3	6.08
1	3-侧柏烯	3-Thujene	0.2	0.0	0.3	0.0	0.2	0.14

（续）

序号	化学成分	化学成分英文名称	YN1	YN2	YN3	YN4	YN5	平均
2	α-蒎烯	alpha-Pinene	1.1	1.8	0.4	1.6	0.1	1.00
3	莰烯	Camphene	0.1	0.1	0.0	0.0	0.1	0.06
4	β-水芹烯	beta-Phellandrene	3.5	5.6	1.2	4.9	0.6	3.16
5	β-蒎烯	beta-Pinene	1.0	1.5	0.4	1.3	0.2	0.88
6	月桂烯	Myrcene	0.3	0.4	0.0	0.3	0.0	0.20
7	o-伞花烃	o-Cymene	0.6	0.8	0.1	0.7	0.1	0.46
8	D-柠檬烯	D-Limonene	0.3	0.3	0.0	0.3	0.0	0.18
	含氧单萜	**Oxygenated monoterpenes**	**82.0**	**85.8**	**84.6**	**82.6**	**98.7**	**86.74**
9	桉叶油素	Eucalyptol	10.0	17.6	9.1	16.0	1.8	10.90
10	反式-芳樟醇氧化物	*trans*-Linalool oxide	0.0	0.2	0.4	0.2	0.0	0.16
11	顺式-芳樟醇氧化物	*cis*-Linalool oxide	0.0	0.0	0.4	0.1	0.0	0.10
12	芳樟醇	Linalool	0.1	2.8	8.1	2.8	0.0	2.76
13	顺式-β-萜品醇	*cis*-beta-Terpineol	0.0	0.1	0.0	0.1	0.0	0.04
14	樟脑	Camphor	65.8	53.8	59.1	53.5	95.2	65.48
15	反式-环氧芳樟醇	*trans*-Epoxylinalol	0.3	0.7	0.6	0.6	0.1	0.46
16	龙脑	Borneol	0.7	0.9	0.8	0.6	0.7	0.74
17	4-萜品醇	4-Terpineol	1.0	2.0	1.2	1.7	0.2	1.22
18	L-α-萜品醇	L-alpha-Terpineol	3.5	7.5	3.8	6.2	0.7	4.34
19	β-香茅醇	beta-Citronellol	0.0	0.1	0.1	0.1	0.0	0.06
20	香芹烯酮	Carvenone	0.0	0.1	0.3	0.2	0.0	0.12
21	2,4,6-三甲氧基苯甲酸	2,4,6-Trimethoxybenzoic acid	0.2	0.0	0.3	0.0	0.0	0.10
22	4-羟基-β-紫罗兰酮	4-Hydroxy-beta-ionone	0.1	0.0	0.1	0.4	0.0	0.12
23	甲酸松油酯	Terpinyl formate	0.3	0.0	0.3	0.1	0.0	0.14
	倍半萜烃	**Sesquiterpene hydrocarbons**	**1.1**	**1.4**	**2.0**	**1.2**	**0.1**	**1.20**
24	β-石竹烯	beta-Caryophyllene	0.1	0.3	0.6	0.3	0.1	0.28
25	α-石竹烯	alpha-Caryophyllene	0.4	0.5	0.3	0.2	0.0	0.28
26	α-愈创木烯	alpha-Guaiene	0.3	0.3	0.4	0.3	0.0	0.26

（续）

序号	化学成分	化学成分英文名称	YN1	YN2	YN3	YN4	YN5	平均
27	β-花柏烯	beta-Chamigrene	0.0	0.3	0.4	0.3	0.0	0.20
28	β-马兜铃烯	beta-Vatirenene	0.3	0.0	0.3	0.1	0.0	0.18
	含氧倍半萜	Oxygenated sesquiterpene	8.0	0.7	7.5	4.0	0.1	4.06
29	反式-橙花叔醇	*trans*-Nerolidol	2.6	0.0	2.5	1.8	0.1	1.40
30	桉油烯醇	Spathulenol	0.5	0.0	0.4	0.1	0.0	0.20
31	氧化石竹烯	Caryophyllene oxide	0.6	0.1	0.7	0.1	0.0	0.30
32	草烯环氧化物	Humulene epoxide	0.2	0.4	0.6	0.2	0.0	0.28
33	6-芹子烯-4-醇	Selina-6-en-4-ol	0.5	0.0	0.3	0.0	0.0	0.16
34	γ-桉叶醇	gama-eudesmol	0.4	0.0	0.3	0.4	0.0	0.22
35	α-桉叶醇	alpha-eudesmol	0.2	0.0	0.1	0.4	0.0	0.14
36	环氧红没药烯	Bisabolene epoxide	0.5	0.1	0.5	0.0	0.0	0.22
37	3-甲基-丁-2-烯酸异龙脑酯	3-Methyl-but-2-enoic acid isoborneol ester	0.7	0.0	0.9	0.5	0.0	0.42
38	韦得醇	Widdrol	0.1	0.1	0.1	0.0	0.0	0.06
39	7-羟基法尼烯	7-Hydroxyfarnesene	0.5	0.0	0.1	0.1	0.0	0.14
40	异长叶烯酮	Isolongifolen-5-one	0.5	0.0	0.4	0.1	0.0	0.20
41	表蓝桉醇	Epiglobulol	0.4	0.0	0.3	0.1	0.0	0.16
42	环氧马兜铃烯	Aristolene epoxide	0.3	0.0	0.3	0.2	0.0	0.16
	其他	Others	0.0	0.3	0.7	0.7	0.0	0.34
43	甲基异丁香酚	Methylisoeugenol	0.0	0.3	0.7	0.7	0.0	0.34

2.1.2.3　湖南黄樟叶精油研究

（1）湖南黄樟叶精油含量及第一主成分

从湖南九嶷山国家级自然保护区黄樟居群随机采集的30株样品的叶精油含量、第一主成分及含量见表2-14。由表可知，湖南九嶷山国家级自然保护区黄樟居群叶精油含量变化范围为0.03%~1.55%，叶精油中第一主成分比较单一，主要包括榄香醇、桉叶油素、樟脑3种，其中桉叶油素和榄香醇出现频率较高，分别占总株数的50.0%和40.0%。叶精油中第一主成分的含量变化范围为15.77%~94.79%。本居群中桉叶油素和榄香醇资源丰富，可作为桉叶油素和榄香醇选育的重要遗传群体。

表 2-14 湖南九嶷山国家级自然保护区黄樟居群（HN1）叶精油含量及第一主成分 %

样株号	叶精油含量	第一主成分	第一主成分含量	样株号	叶精油含量	第一主成分	第一主成分含量
HN1-1	0.04	榄香醇	22.46	HN1-16	0.27	樟脑	94.79
HN1-2	0.04	榄香醇	25.86	HN1-17	0.04	榄香醇	15.77
HN1-3	1.44	桉叶油素	43.08	HN1-18	1.55	桉叶油素	37.02
HN1-4	0.65	桉叶油素	41.24	HN1-19	0.67	榄香醇	18.31
HN1-5	0.19	樟脑	45.17	HN1-20	0.86	桉叶油素	44.34
HN1-6	0.05	榄香醇	18.32	HN1-21	1.12	桉叶油素	46.18
HN1-7	0.64	桉叶油素	34.87	HN1-22	0.04	榄香醇	16.96
HN1-8	1.01	桉叶油素	38.93	HN1-23	1.55	桉叶油素	44.13
HN1-9	0.03	榄香醇	19.16	HN1-24	0.67	桉叶油素	40.48
HN1-10	1.17	桉叶油素	47.13	HN1-25	0.94	桉叶油素	42.27
HN1-11	0.34	樟脑	85.01	HN1-26	0.04	榄香醇	25.74
HN1-12	0.05	榄香醇	17.39	HN1-27	0.96	桉叶油素	43.23
HN1-13	0.03	榄香醇	17.98	HN1-28	0.92	桉叶油素	38.89
HN1-14	0.04	榄香醇	17.24	HN1-29	0.21	桉叶油素	24.09
HN1-15	0.72	桉叶油素	45.06	HN1-30	0.04	榄香醇	17.07

从湖南宁远黄樟居群随机采集的30株样品的叶精油含量、第一主成分及含量见表2-15。由表可知，湖南宁远黄樟居群叶精油含量变化范围为0.03%~0.89%，本居群的黄樟叶精油含量普遍较低，所有取样植株叶精油含量均低于1.0%，从叶精油含量指标考虑，本居群不具备高精油含量优良单株选育潜力。叶精油中第一主成分主要包括榄香醇、桉叶油素、芳樟醇、樟脑、4-萜品醇5种，其中榄香醇出现频率较高，占总株数的一半以上。叶精油中第一主成分的含量变化范围为12.42%~97.08%。本居群中榄香醇资源十分丰富，可作为榄香醇选育的重要遗传群体。

表 2-15 湖南宁远黄樟居群（HN2）叶精油含量及第一主成分 %

样株号	叶精油含量	第一主成分	第一主成分含量	样株号	叶精油含量	第一主成分	第一主成分含量
HN2-1	0.03	榄香醇	24.00	HN2-16	0.38	樟脑	80.24
HN2-2	0.89	桉叶油素	43.96	HN2-17	0.28	樟脑	90.27

（续）

样株号	叶精油含量	第一主成分	第一主成分含量	样株号	叶精油含量	第一主成分	第一主成分含量
HN2-3	0.04	榄香醇	16.23	HN2-18	0.87	桉叶油素	43.51
HN2-4	0.03	芳樟醇	37.81	HN2-19	0.52	桉叶油素	33.27
HN2-5	0.03	榄香醇	12.42	HN2-20	0.04	榄香醇	24.37
HN2-6	0.04	榄香醇	18.23	HN2-21	0.63	桉叶油素	49.57
HN2-7	0.08	桉叶油素	34.92	HN2-22	0.77	桉叶油素	40.39
HN2-8	0.04	榄香醇	22.51	HN2-23	0.04	榄香醇	26.9
HN2-9	0.59	桉叶油素	46.03	HN2-24	0.04	榄香醇	23.44
HN2-10	0.04	榄香醇	22.14	HN2-25	0.28	樟脑	97.08
HN2-11	0.36	樟脑	55.86	HN2-26	0.04	榄香醇	27.90
HN2-12	0.04	榄香醇	18.65	HN2-27	0.03	榄香醇	28.08
HN2-13	0.03	榄香醇	16.38	HN2-28	0.39	桉叶油素	40.35
HN2-14	0.03	榄香醇	18.81	HN2-29	0.04	榄香醇	23.13
HN2-15	0.04	榄香醇	21.53	HN2-30	0.45	4-萜品醇	29.27

从湖南绥宁黄樟居群随机采集的30株样品的叶精油含量、第一主成分及含量见表2-16。由表可知，湖南绥宁黄樟居群叶精油含量变化范围在0.03%~1.43%之间，叶精油中第一主成分较为单一，主要包括桉叶油素、榄香醇、樟脑等3种，其中榄香醇和桉叶油素出现频率较高，分别占总株数的53.3%和33.3%。叶精油中第一主成分的含量变化范围为13.98%~97.55%。

表2-16 湖南绥宁黄樟居群（HN3）叶精油含量及第一主成分 %

样株号	叶精油含量	第一主成分	第一主成分含量	样株号	叶精油含量	第一主成分	第一主成分含量
HN3-1	1.12	桉叶油素	45.22	HN3-16	1.35	桉叶油素	43.83
HN3-2	0.05	榄香醇	27.15	HN3-17	0.04	榄香醇	13.98
HN3-3	0.03	榄香醇	24.66	HN3-18	0.98	樟脑	96.88
HN3-4	0.04	榄香醇	26.58	HN3-19	1.40	桉叶油素	41.81
HN3-5	1.35	桉叶油素	46.88	HN3-20	0.03	榄香醇	23.51
HN3-6	0.04	榄香醇	24.15	HN3-21	0.06	榄香醇	20.18
HN3-7	0.06	榄香醇	20.47	HN3-22	1.12	樟脑	93.24

（续）

样株号	叶精油含量	第一主成分	第一主成分含量	样株号	叶精油含量	第一主成分	第一主成分含量
HN3-8	1.02	桉叶油素	42.11	HN3-23	0.59	樟脑	97.15
HN3-9	0.93	桉叶油素	38.54	HN3-24	0.04	榄香醇	19.33
HN3-10	0.22	桉叶油素	43.71	HN3-25	0.85	桉叶油素	43.58
HN3-11	0.05	榄香醇	19.11	HN3-26	1.43	桉叶油素	42.20
HN3-12	0.06	榄香醇	23.62	HN3-27	1.29	樟脑	97.55
HN3-13	0.04	桉叶油素	46.57	HN3-28	0.05	榄香醇	24.65
HN3-14	0.05	榄香醇	20.02	HN3-29	0.06	榄香醇	21.77
HN3-15	0.04	榄香醇	19.08	HN3-30	0.04	榄香醇	23.64

（2）湖南黄樟叶精油化学成分

湖南3个黄樟居群叶精油主要化学成分占比见表2-17。由表可知，从湖南黄樟叶精油中鉴定了57种主要化学成分，其中单萜烃类占比1.43%、含氧单萜类占比51.04%、倍半萜烃类占比3.30%、含氧倍半萜类占比34.96%、其他成分占3.26%。湖南黄樟叶精油化学成分占比大于5%的化学成分有桉叶油素（16.83%）、榄香醇（占比11.73%）、樟脑（占比11.43%）和L-α-萜品醇（占比6.63%）。从湖南黄樟叶精油主要化学成分占比可知，湖南黄樟居群是个富含桉叶油素和榄香醇的遗传资源库，榄香醇在黄樟自然居群中较为少见，湖南黄樟资源榄香醇资源十分丰富，在优良种质资源选育中，可将湖南黄樟居群作为榄香醇型黄樟良种选育和开发利用的重点居群。

表2-17 湖南黄樟居群叶精油化学成分占比 %

序号	化学成分	化学成分英文名称	HN1	HN2	HN3	平均
	单萜烃	Monoterpenes hydrocarbons	1.8	1.1	1.4	1.43
1	α-蒎烯	alpha-Pinene	0.4	0.5	0.3	0.40
2	β-水芹烯	beta-Phellandrene	1.0	0.3	0.5	0.60
3	β-蒎烯	beta-Pinene	0.4	0.3	0.6	0.43
	含氧单萜	Oxygenated monoterpenes	54.0	46.0	53.1	51.04
4	桉叶油素	Eucalyptol	21.8	12.2	16.5	16.83
5	反式-芳樟醇氧化物	*trans*-Linalool oxide（furanoid）	0.1	0.2	1.1	0.47

（续）

序号	化学成分	化学成分英文名称	HN1	HN2	HN3	平均
6	顺式-芳樟醇氧化物	*cis*-Linalool oxide	0.1	0.1	0.6	0.27
7	芳樟醇	Linalool	1.0	1.8	1.0	1.27
8	樟脑	Camphor	8.2	11.7	14.4	11.43
9	反式-环氧芳樟醇	*trans*-Epoxylinalol	1.1	0.8	0.8	0.90
10	龙脑	Borneol	0.6	0.3	0.4	0.43
11	4-萜品醇	4-Terpineol	1.7	2.3	0.8	1.60
12	L-α-萜品醇	L-alpha-Terpineol	7.8	5.2	6.9	6.63
13	薄荷醇	Piperitol	0.1	0.2	0.2	0.17
14	β-香茅醇	beta-Citronellol	0.5	0.2	0.5	0.40
15	β-柠檬醛	beta-Citral	0.1	0.1	0.1	0.10
16	香叶醇	Geraniol	0.1	0.1	0.2	0.13
17	黄樟油素	Safrole	0.8	0.4	0.5	0.57
18	香芹烯酮	Carvenone	1.2	0.8	0.3	0.77
19	松香二醇	Pinanediol	1.1	0.1	0.4	0.53
20	2,4,6-三甲氧基苯甲酸	2,4,6-Trimethoxybenzoic acid	0.2	0.4	0.6	0.40
21	柠檬醛二乙缩醛	Citral diethyl acetal	0.1	0.0	0.2	0.10
22	反式-β-紫罗兰酮	*trans*-beta-Ionone	0.2	0.0	0.1	0.10
23	4-羟基-β-紫罗兰酮	4-Hydroxy-beta-ionone	2.9	5.1	3.1	3.70
24	甲酸松油酯	Terpinyl formate	1.1	1.4	1.7	1.93
25	莰佛羧酸	Camphorcarboxylic acid	1.7	0.0	0.4	0.17
26	异丁酸松油酯	Terpinyl isobutyrate	0.8	1.0	1.1	0.97
27	反式-二氢香芹基缩醛	*trans*-Dihydrocarvyl acetal	0.7	1.6	1.2	1.17
	倍半萜烃	**Sesquiterpene hydrocarbons**	**5.2**	**2.8**	**1.9**	**3.30**
28	顺式-马鞭草醇	*cis*-Verbenol	0.2	0.2	0.4	0.27
29	β-石竹烯	beta-caryophyllene	1.6	1.1	0.7	1.13
30	α-石竹烯	alpha-caryophyllene	0.1	0.3	0.2	0.20
31	别香橙烯	Alloaromadendrene	0.5	0.2	0.2	0.30
32	α-愈创木烯	alpha-Guaiene	0.5	0.2	0.1	0.27
33	β-红没药烯	beta-Bisabolene	1.8	0.7	0.3	0.93

（续）

序号	化学成分	化学成分英文名称	HN1	HN2	HN3	平均
34	愈创木-1（10），4-二烯	Guaia-1（10），4-diene	0.5	0.1	0.0	0.20
	含氧倍半萜	**Oxygenated sesquiterpene**	**28.5**	**40.2**	**36.2**	**34.96**
35	榄香醇	Elemol	8.9	12.8	13.5	11.73
36	反式-橙花叔醇	*trans*-Nerolidol	0.6	0.6	0.2	0.47
37	β-马兜铃烯	beta-Vatirenene	0.1	0.1	0.4	0.20
38	桉油烯醇	Spathulenol	0.3	1.2	1.1	0.87
39	氧化石竹烯	Caryophyllene oxide	2.2	1.2	1.5	1.63
40	草烯环氧化物	Humulene epoxide	0.2	0.1	0.0	0.10
41	6-芹子烯-4-醇	Selina-6-en-4-ol	0.1	0.3	0.8	0.40
42	γ-桉叶醇	gama-eudesmol	0.7	1.3	0.5	0.83
43	杜松醇	Cadinol	0.1	0.4	0.0	0.17
44	α-桉叶醇	alpha-eudesmol	0.7	1.6	0.2	0.83
45	环氧红没药烯	Bisabolene epoxide	4.9	6.4	3.5	4.93
46	金合欢醇	Farnesol	0.3	0.7	0.0	0.33
47	韦得醇	Widdrol	0.0	0.2	0.1	0.10
48	α-红没药烯环氧化物	alpha-Bisabolene epoxide	0.2	0.5	0.9	0.53
49	7-羟基法尼烯	7-Hydroxyfarnesene	0.9	1.5	1.8	1.40
50	异长叶烯酮	Isolongifolen-5-one	0.5	1.2	1.2	0.97
51	表蓝桉醇	Epiglobulol	2.2	3.6	2.2	2.67
52	环氧马兜铃烯	Aristolene epoxide	0.8	1.2	1.1	1.03
53	β-桉叶醇	beta-Eudesmol	1.7	2.3	3.1	2.37
54	丙酸橙花叔酯	Nerolidyl propionate	2.1	2.9	3.0	2.67
55	异丁酸橙花叔酯	Nerolidol isobutyrate	1.0	0.1	1.1	0.73
	其他	**Others**	**4.0**	**3.4**	**2.4**	**3.26**
56	甲基异丁香酚	Methylisoeugenol	2.1	1.6	0.6	1.43
57	2-叔丁基-4-己基苯酚	2-tert-Butyl-4-hexylphenol	1.9	1.8	1.8	1.83

2.1.2.4 江西黄樟叶精油研究

（1）江西黄樟叶精油含量及第一主成分

从江西安远黄樟居群随机采集的30株样品的叶精油含量、第一主成分及含量见表2-18。由表可知，江西安远黄樟居群叶精油含量变化范围为0.03%~1.57%，整个居群叶精油含量水平普遍较低，叶精油含量低于1.0%的黄樟单株占总株数的83.3%。从叶精油含量指标考虑，本居群不具备高精油含量优良单株选育潜力。叶精油中第一主成分比较丰富，包括反式-橙花叔醇、甲基异丁香酚、桉叶油素、柠檬醛、芳樟醇、樟脑6种，其中反式-橙花叔醇、桉叶油素和甲基异丁香酚出现频率较高，分别占总株数的30.0%、30.0%和23.3%。叶精油中第一主成分的含量变化范围为14.89%~98.03%。本居群中反式-橙花叔醇、桉叶油素和甲基异丁香酚资源丰富，且甲基异丁香酚在自然分布的黄樟叶中较少成为第一主成分，本居群可作为甲基异丁香酚选育和开发利用的重要遗传群体。

表2-18 江西安远县黄樟居群（JX1）叶精油含量及第一主成分 %

样株号	叶精油含量	第一主成分	第一主成分含量	样株号	叶精油含量	第一主成分	第一主成分含量
JX1-1	0.04	反式-橙花叔醇	23.76	JX1-16	0.03	反式-橙花叔醇	26.05
JX1-2	0.14	甲基异丁香酚	21.79	JX1-17	0.88	桉叶油素	33.89
JX1-3	0.39	桉叶油素	26.66	JX1-18	0.04	甲基异丁香酚	29.33
JX1-4	0.66	桉叶油素	31.21	JX1-19	0.04	甲基异丁香酚	31.47
JX1-5	0.21	桉叶油素	19.48	JX1-20	1.01	桉叶油素	36.25
JX1-6	0.08	柠檬醛	29.14	JX1-21	0.17	甲基异丁香酚	20.90
JX1-7	0.22	甲基异丁香酚	26.04	JX1-22	0.49	桉叶油素	28.46
JX1-8	0.03	反式-橙花叔醇	17.73	JX1-23	0.05	反式-橙花叔醇	15.01
JX1-9	1.36	桉叶油素	39.42	JX1-24	0.07	反式-橙花叔醇	14.89
JX1-10	0.60	甲基异丁香酚	31.78	JX1-25	0.36	芳樟醇	53.70
JX1-11	0.20	桉叶油素	30.08	JX1-26	1.57	樟脑	96.39
JX1-12	0.05	反式-橙花叔醇	29.91	JX1-27	0.17	反式-橙花叔醇	16.77
JX1-13	0.51	桉叶油素	28.88	JX1-28	0.12	反式-橙花叔醇	20.97
JX1-14	1.35	樟脑	98.03	JX1-29	1.12	樟脑	95.42
JX1-15	0.77	甲基异丁香酚	29.28	JX1-30	0.15	反式-橙花叔醇	23.45

从江西井冈山黄樟居群随机采集的30株样品的叶精油含量、第一主成分及含量见表2-19。由表可知，江西井冈山黄樟居群叶精油含量变化范围为0.03%~1.58%，整个居群叶精油含量水平普遍非常低，叶精油含量低于0.1%的

黄樟单株占总株数的 86.7%，从叶精油含量指标考虑，本居群不具备高精油含量优良单株选育的潜力。叶精油中第一主成分较为单一，包括榄香醇、桉叶油素、樟脑、桉叶油素 4 种，其中榄香醇出现频率最高，占总株数的 86.7%。叶精油中第一主成分的含量变化范围为 12.83%~91.23%。本居群中榄香醇资源十分丰富，可作为榄香醇选育和开发利用的重要遗传群体。

表 2–19　江西井冈山黄樟居群（JX2）叶精油含量及第一主成分　　%

样株号	叶精油含量	第一主成分	第一主成分含量	样株号	叶精油含量	第一主成分	第一主成分含量
JX2–1	0.03	榄香醇	18.78	JX2–16	0.03	榄香醇	15.50
JX2–2	0.04	榄香醇	20.48	JX2–17	0.05	榄香醇	18.83
JX2–3	0.05	榄香醇	18.63	JX2–18	0.33	榄香醇	18.11
JX2–4	0.08	榄香醇	18.65	JX2–19	1.15	樟脑	91.23
JX2–5	0.03	榄香醇	18.16	JX2–20	0.03	榄香醇	19.80
JX2–6	1.58	桉叶油素	41.84	JX2–21	0.05	榄香醇	18.92
JX2–7	0.08	榄香醇	18.59	JX2–22	0.37	桉叶油素	30.46
JX2–8	0.03	榄香醇	17.55	JX2–23	0.04	榄香醇	33.31
JX2–9	0.05	桉叶油素	45.81	JX2–24	0.07	榄香醇	38.77
JX2–10	0.04	榄香醇	17.02	JX2–25	0.04	榄香醇	26.38
JX2–11	0.04	榄香醇	17.05	JX2–26	0.05	榄香醇	16.35
JX2–12	0.03	榄香醇	18.79	JX2–27	0.04	榄香醇	33.10
JX2–13	0.03	榄香醇	12.83	JX2–28	0.05	榄香醇	16.22
JX2–14	0.03	榄香醇	18.08	JX2–29	0.03	榄香醇	15.23
JX2–15	0.04	榄香醇	19.74	JX2–30	0.04	桉油醇	16.22

从江西崇义黄樟居群随机采集的 30 株样品的叶精油含量、第一主成分及含量见表 2–20。由表可知，江西崇义黄樟居群叶精油含量变化范围为 0.03%~0.88%，整个居群叶精油含量水平普遍非常低，叶精油含量低于 0.1% 的黄樟单株占总株数的 86.7%。从叶精油含量指标考虑，本居群不具备高精油含量优良单株选育的潜力。叶精油中第一主成分比较丰富，包括 4– 萜品醇、桉油醇、芳樟醇、桉叶油素、反式 – 橙花叔醇、花柏烯、榄香醇 7 种，其中芳樟醇出现频率较高，占总株数的 50.0%。叶精油中第一主成分的含量变化范围为 18.15%~63.46%。

表 2-20 江西崇义县黄樟居群（JX3）叶精油含量及第一主成分 %

样株号	叶精油含量	第一主成分	第一主成分含量	样株号	叶精油含量	第一主成分	第一主成分含量
JX3-1	0.51	4- 萜品醇	34.78	JX3-16	0.03	芳樟醇	37.13
JX3-2	0.03	桉油醇	22.95	JX3-17	0.04	芳樟醇	50.68
JX3-3	0.04	芳樟醇	59.02	JX3-18	0.13	柠檬醛	28.10
JX3-4	0.06	芳樟醇	59.24	JX3-19	0.88	桉叶油素	41.86
JX3-5	0.03	芳樟醇	56.24	JX3-20	0.05	芳樟醇	59.17
JX3-6	0.05	芳樟醇	63.46	JX3-21	0.08	桉叶油素	43.89
JX3-7	0.04	芳樟醇	21.68	JX3-22	0.14	花柏烯	30.47
JX3-8	0.75	桉叶油素	35.08	JX3-23	0.04	4- 萜品醇	36.36
JX3-9	0.04	芳樟醇	51.00	JX3-24	0.03	榄香醇	30.21
JX3-10	0.05	芳樟醇	18.15	JX3-25	0.04	芳樟醇	40.53
JX3-11	0.04	芳樟醇	59.92	JX3-26	0.04	榄香醇	28.47
JX3-12	0.08	反式 - 橙花叔醇	27.59	JX3-27	0.03	桉油醇	18.31
JX3-13	0.03	芳樟醇	60.36	JX3-28	0.04	榄香醇	18.66
JX3-14	0.04	反式 - 橙花叔醇	20.24	JX3-29	0.03	芳樟醇	60.86
JX3-15	0.03	反式 - 橙花叔醇	22.25	JX3-30	0.04	芳樟醇	26.14

从江西石城黄樟居群随机采集的 30 株样品的叶精油含量、第一主成分及含量见表 2-21。由表可知，江西石城黄樟居群叶精油含量变化范围为 0.03%~2.05%，整个居群叶精油含量水平普遍较低。叶精油中第一主成分十分丰富，包括 4- 萜品醇、反式-橙花叔醇、樟脑、桉叶油素、甲基异丁香酚、柠檬醛、芳樟醇、花柏烯、桉油醇、榄香醇 10 种，其中桉叶油素和樟脑出现频率较高，分别占总株数的 33.3% 和 16.7%。叶精油中第一主成分的含量变化范围为 16.62%~93.86%。

表 2-21 江西石城县黄樟居群（JX4）叶精油含量及第一主成分 %

样株号	叶精油含量	第一主成分	第一主成分含量	样株号	叶精油含量	第一主成分	第一主成分含量
JX4-1	0.05	4-萜品醇	26.00	JX4-16	0.07	樟脑	60.19
JX4-2	0.05	反式-橙花叔醇	16.62	JX4-17	0.20	柠檬醛	42.94
JX4-3	0.91	樟脑	93.86	JX4-18	0.03	樟脑	65.68

（续）

样株号	叶精油含量	第一主成分	第一主成分含量	样株号	叶精油含量	第一主成分	第一主成分含量
JX4-4	0.05	反式-橙花叔醇	18.62	JX4-19	0.13	反式-橙花叔醇	34.07
JX4-5	0.50	樟脑	72.42	JX4-20	0.55	桉叶油素	42.47
JX4-6	1.13	桉叶油素	47.15	JX4-21	1.02	芳樟醇	61.41
JX4-7	0.58	桉叶油素	32.45	JX4-22	0.19	花柏烯	24.52
JX4-8	0.29	樟脑	69.16	JX4-23	0.04	桉油醇	33.24
JX4-9	0.05	甲基异丁香酚	51.28	JX4-24	0.63	桉叶油素	31.59
JX4-10	0.74	桉叶油素	31.69	JX4-25	0.04	反式-橙花叔醇	18.28
JX4-11	0.08	柠檬醛	30.41	JX4-26	0.03	桉油醇	18.61
JX4-12	0.14	芳樟醇	57.86	JX4-27	0.09	榄香醇	22.6
JX4-13	0.08	柠檬醛	17.46	JX4-28	0.86	桉叶油素	40.51
JX4-14	2.05	桉叶油素	45.20	JX4-29	1.08	桉叶油素	37.65
JX4-15	0.50	桉叶油素	32.61	JX4-30	0.74	桉叶油素	44.05

从江西九连山国家级自然保护区黄樟居群随机采集的 30 株样品的叶精油含量、第一主成分及含量见表 2-22。由表可知，江西九连山国家级自然保护区黄樟居群叶精油含量变化范围为 0.03%~1.09%。叶精油中第一主成分比较丰富，包括 4-萜品醇、桉叶油素、桉油醇、黄樟油素、石竹烯、柠檬醛、榄香醇 7 种，其中桉叶油素和 4-萜品醇出现频率较高，分别占总株数的 53.3% 和 16.7%。叶精油中第一主成分的含量变化范围为 15.96%~81.79%。

表 2-22　江西九连山国家级自然保护区黄樟居群（JX5）叶精油含量及第一主成分　%

样株号	叶精油含量	第一主成分	第一主成分含量	样株号	叶精油含量	第一主成分	第一主成分含量
JX5-1	0.46	4-萜品醇	18.61	JX5-16	0.72	柠檬醛	45.52
JX5-2	1.06	桉叶油素	36.34	JX5-17	0.23	4-萜品醇	15.96
JX5-3	0.54	4-萜品醇	18.87	JX5-18	0.77	4-萜品醇	16.14
JX5-4	0.94	桉叶油素	36.09	JX5-19	0.13	桉油醇	44.23
JX5-5	0.55	桉叶油素	30.08	JX5-20	0.68	桉叶油素	37.79
JX5-6	0.16	桉油醇	39.80	JX5-21	0.33	桉油醇	22.35
JX5-7	0.40	桉叶油素	30.69	JX5-22	0.03	桉叶油素	37.31

（续）

样株号	叶精油含量	第一主成分	第一主成分含量	样株号	叶精油含量	第一主成分	第一主成分含量
JX5–8	0.32	桉叶油素	37.32	JX5–23	0.83	桉叶油素	34.84
JX5–9	1.09	桉叶油素	38.66	JX5–24	0.08	榄香醇	28.24
JX5–10	0.80	4–萜品醇	81.79	JX5–25	0.54	桉叶油素	29.72
JX5–11	0.27	黄樟油素	20.41	JX5–26	0.12	柠檬醛	30.33
JX5–12	0.03	桉叶油素	35.12	JX5–27	0.10	榄香醇	28.16
JX5–13	0.22	石竹烯	49.82	JX5–28	0.02	桉叶油素	36.91
JX5–14	0.04	桉叶油素	31.84	JX5–29	0.91	桉叶油素	34.94
JX5–15	0.13	桉叶油素	31.35	JX5–30	0.36	桉叶油素	36.60

（2）江西黄樟叶精油化学成分

江西 5 个黄樟居群叶精油主要化学成分占比见表 2–23。由表可知，从江西黄樟叶精油中鉴定了 79 种主要化学成分，其中单萜烃类占比 6.60%、含氧单萜类占比 44.72%、倍半萜烃类占比 4.66%、含氧倍半萜类占比 27.70%、其他成分占 4.62%。江西黄樟叶精油化学成分占比排名前 10 名的化学成分分别为桉叶油素（占比 10.7%）、芳樟醇（占比 7.08%）、樟脑（占比 6.44%）、榄香醇（占比 6.06%）、L–α–萜品醇（占比 5.56%）、甲基异丁香酚（占比 3.28%）、4–萜品醇（占比 2.98%）、环氧红没药烯（占比 2.74%）、反式–橙花叔醇（占比 2.62%）、β–水芹烯（占比 2.0%）。从江西黄樟叶精油主要化学成分占比可知，江西省黄樟居群是个富含桉叶油素、芳樟醇、樟脑、榄香醇、L–α–萜品醇、甲基异丁香酚、4–萜品醇等成分的遗传资源库，对丰富黄樟叶精油研究材料具有重要意义。

表 2–23 江西黄樟居群叶精油化学成分占比 %

序号	化学成分	化学成分英文名称	JX1	JX2	JX3	JX4	JX5	平均
	单萜烃	Monoterpenes hydrocarbons	0.7	0.5	1.2	1.5	29.1	6.60
1	3–侧柏烯	3–Thujene	0.0	0.0	0.0	0.0	1.7	0.34
2	α–蒎烯	alpha–Pinene	0.3	0.1	0.2	0.3	4.4	1.06
3	莰烯	Camphene	0.0	0.0	0.3	0.1	0.4	0.16
4	β–水芹烯	beta–Phellandrene	0.1	0.3	0.1	0.6	8.9	2.00

（续）

序号	化学成分	化学成分英文名称	JX1	JX2	JX3	JX4	JX5	平均
5	β-蒎烯	beta-Pinene	0.1	0.1	0.3	0.3	3.2	0.80
6	月桂烯	Myrcene	0.0	0.0	0.0	0.0	1.4	0.28
7	α-萜品烯	alpha-Terpinen	0.0	0.0	0.0	0.0	1.4	0.28
8	o-伞花烃	o-Cymene	0.0	0.0	0.0	0.0	1.4	0.28
9	D-柠檬烯	D-Limonene	0.0	0.0	0.2	0.1	3.7	0.80
10	γ-松油烯	gamma-Terpinene	0.0	0.0	0.0	0.0	2.4	0.48
11	1,3,8-对薄荷三烯	1,3,8-p-Menthatriene	0.2	0.0	0.1	0.1	0.2	0.12
	含氧单萜	Oxygenated onoterpenes	46.7	20.4	55.3	57.4	43.9	44.72
12	桉叶油素	Eucalyptol	10.1	3.2	7.6	14.8	17.8	10.70
13	反式-芳樟醇氧化物	*trans*-Linalool oxide（furanoid）	0.4	0.0	0.1	0.3	0.7	0.30
14	顺式-芳樟醇氧化物	*cis*-Linalool oxide	0.3	0.0	0.0	0.3	0.8	0.28
15	芳樟醇	Linalool	2.4	0.3	26.5	5.4	0.8	7.08
16	顺式-β-萜品醇	*cis*-beta-Terpineol	0.0	0.0	0.0	0.0	0.5	0.10
17	β-香茅醛	beta-Citronellal	0.4	0.0	0.0	0.2	0.1	0.14
18	樟脑	Camphor	10.3	3.6	4.7	13.1	0.5	6.44
19	反式-环氧芳樟醇	*trans*-Epoxylinalol	1.0	0.2	0.3	0.8	0.6	0.58
20	龙脑	Borneol	1.5	1.2	3.5	2.4	0.5	1.82
21	4-萜品醇	4-Terpineol	4.8	0.5	2.5	2.8	4.3	2.98
22	L-α-萜品醇	L-alpha-Terpineol	6.0	2.2	3.0	7.3	9.3	5.56
23	β-香茅醇	beta-Citronellol	1.0	0.0	0.2	0.5	0.2	0.38
24	β-柠檬醛	beta-Citral	0.8	0.0	0.9	1.4	1.5	0.92
25	香叶醇	Geraniol	0.2	0.0	0.0	0.1	0.3	0.12
26	α-柠檬醛	alpha-Citral	0.5	0.0	0.5	1.8	1.6	0.88
27	3,9-环氧对薄荷烯	3,9-Epoxy-1-p-menthene	0.1	0.0	0.1	0.0	0.3	0.10
28	黄樟油素	Safrole	0.7	0.1	0.3	0.5	1.1	0.54
29	香芹酚	Carvacrol	0.6	0.0	0.1	0.1	0.0	0.16
30	香芹烯酮	Carvenone	0.8	0.1	0.2	0.5	0.0	0.40

（续）

序号	化学成分	化学成分英文名称	JX1	JX2	JX3	JX4	JX5	平均
31	橙酸	Neric acid	0.2	0.0	0.0	0.4	1.0	0.32
32	环氧芳樟醇	Epoxylinalol	0.5	0.1	0.2	0.4	0.4	0.32
33	松香二醇	Pinanediol	0.6	0.1	0.1	0.0	0.0	0.16
34	2,4,6-三甲氧基苯甲酸	2,4,6-Trimethoxybenzoic acid	0.5	0.2	0.1	0.1	0.0	0.18
35	马鞭基乙醚	Verbenyl ethyl ether	0.2	0.0	0.0	0.1	0.2	0.10
36	柠檬醛二乙缩醛	Citral diethyl acetal	0.6	0.0	0.1	0.1	0.1	0.18
37	反式-β-紫罗兰酮	*trans*-beta-Ionone	0.2	2.3	0.8	0.1	0.1	0.70
38	4-羟基-β-紫罗兰酮	4-Hydroxy-beta-ionone	0.5	1.2	1.7	3.1	1.2	1.44
39	甲酸松油酯	Terpinyl formate	0.6	1.4	0.6	0.3	0.0	0.58
40	莰佛羧酸	Camphorcarboxylic acid	0.5	0.0	0.0	0.1	0.0	0.12
41	异丁酸松油酯	Terpinyl isobutyrate	0.1	1.8	0.6	0.2	0.0	0.54
42	反式-二氢香芹基缩醛	*trans*-Dihydrocarvyl acetal	0.3	1.9	0.6	0.2	0.0	0.60
	倍半萜烃	**Sesquiterpene hydrocarbons**	**8.2**	**2.1**	**3.4**	**4.8**	**4.8**	**4.66**
43	顺式-马鞭草醇	*cis*-Verbenol	0.4	0.0	0.0	0.2	0.0	0.12
44	荜澄茄烯	Cadinene	0.6	0.0	0.0	0.1	0.0	0.14
45	β-石竹烯	beta-caryophyllene	1.5	1.4	0.8	1.2	2.6	1.50
46	α-石竹烯	alpha-caryophyllene	0.4	0.0	0.3	0.4	0.4	0.30
47	别香橙烯	Alloaromadendrene	1.0	0.1	0.2	0.2	0.3	0.36
48	大根香叶烯 D	Germacrene D	1.3	0.0	0.3	0.4	1.1	0.62
49	β-花柏烯	beta-Chamigrene	0.2	0.5	1.5	2.1	0.4	0.94
50	β-红没药烯	beta-Bisabolene	2.8	0.1	0.3	0.2	0.0	0.68
	含氧倍半萜	**Oxygenated esquiterpene**	**24.1**	**53.8**	**23.6**	**21.1**	**15.9**	**27.70**
51	榄香醇	Elemol	0.1	20.8	4.9	2.4	2.1	6.06
52	反式-橙花叔醇	*trans*-Nerolidol	5.4	0.1	2.9	4.0	0.7	2.62
53	β-马兜铃烯	beta-Vatirenene	1.9	0.0	0.1	0.2	0.3	0.50
54	桉油烯醇	Spathulenol	1.2	0.4	0.5	1.0	1.2	0.86
55	氧化石竹烯	Caryophyllene oxide	1.6	0.9	0.7	2.3	1.3	1.36
56	愈创醇	Guaiol	0.0	0.6	0.2	0.1	0.0	0.18

（续）

序号	化学成分	化学成分英文名称	JX1	JX2	JX3	JX4	JX5	平均
57	草烯环氧化物	Humulene epoxide	0.2	0.4	0.1	0.4	0.1	0.24
58	6–芹子烯 –4–醇	Selina–6–en–4–ol	0.6	0.3	0.7	0.1	0.5	0.44
59	γ –桉叶醇	gama–eudesmol	0.8	4.0	1.0	2.6	5.1	2.70
60	杜松醇	Cadinol	0.4	0.3	0.5	0.1	0.2	0.30
61	α –桉叶醇	alpha–eudesmol	1.1	1.3	2.5	1.1	2.2	1.64
62	环氧红没药烯	Bisabolene epoxide	0.8	8.7	2.3	1.7	0.2	2.74
63	马兜铃酮	Aristolone	0.5	0.2	0.1	0.3	0.1	0.24
64	环氧土木香内酯	4–epoxy–Alantolactone	1.5	0.4	0.1	0.2	0.0	0.44
65	金合欢醇	Farnesol	0.0	0.7	0.3	0.1	0.1	0.24
66	3–甲基 – 丁 –2–烯酸异龙脑酯	3–Methyl–but–2–enoic acid isoborneol ester	0.9	0.0	0.0	0.5	0.8	0.44
67	韦得醇	Widdrol	1.0	0.8	1.1	0.5	0.1	0.70
68	α –红没药烯环氧化物	alpha–Bisabolene epoxide	1.1	0.5	0.2	0.3	0.1	0.44
69	7–羟基法尼烯	7–Hydroxyfarnesene	0.9	0.6	0.4	0.2	0.2	0.46
70	α –桉叶醇	alpha–Eudesmol	1.1	0.8	0.3	0.6	0.1	0.58
71	异长叶烯酮	Isolongifolen–5–one	0.4	0.7	0.5	0.1	0.0	0.34
72	表蓝桉醇	Epiglobulol	1.2	0.0	0.0	0.3	0.1	0.32
73	环氧马兜铃烯	Aristolene epoxide	0.6	1.8	0.7	0.4	0.2	0.74
74	β –桉叶醇	beta–Eudesmol	0.5	2.2	1.2	0.3	0.0	0.84
75	丙酸橙花叔酯	Nerolidyl propionate	0.2	3.9	1.5	0.8	0.1	1.30
76	异丁酸橙花叔酯	Nerolidol isobutyrate	0.1	3.4	0.8	0.5	0.1	0.98
	其他	Others	11.6	2.9	2.5	4.5	1	4.62
77	1–(1– 己烯基)– 环己醇	1–(1–hexenyl)–Cyclohexanol	0.8	0.0	0.1	0.7	0.6	0.44
78	甲基异丁香酚	Methylisoeugenol	10.5	0.5	1.3	3.2	0.3	3.28
79	2– 叔丁基 –4– 己基苯酚	2–tert–Butyl–4–hexylphenol	0.3	2.4	1.1	0.6	0.1	0.90

2.1.2.5 广西黄樟叶精油研究

（1）广西黄樟叶精油含量及第一主成分

从广西防城港黄樟居群随机采集的 30 株样品的叶精油含量、第一主成分及含量见表 2–24。由表可知，广西防城港黄樟居群叶精油含量变化范围为 0.32%~3.73%，叶精油含量最高的植株（GX1–1）是叶精油含量最低植株（GX1–13）的 11.7 倍。广西防城港黄樟居群叶精油含量水平较高，叶精油含量高于 1.0% 的单株占比达 93.3%，叶精油含量高于 2.0% 的单株占比达 80.0%，叶精油含量高于 3.0% 的单株占比达 23.3%。叶精油中第一主成分较为单一，主要包括桉叶油素、樟脑、芳樟醇 3 种，其中桉叶油素出现频率最高，占总株数的 70%。叶精油中第一主成分的含量变化范围为 26.91%~90.63%。本居群中桉叶油素资源十分丰富，且叶精油含量高，可作为桉叶油素良种选育和开发利用的重点遗传群体。

表 2–24　广西防城港黄樟居群（GX1）叶精油含量及第一主成分　%

样株号	叶精油含量	第一主成分	第一主成分含量	样株号	叶精油含量	第一主成分	第一主成分含量
GX1–1	3.73	桉叶油素	38.01	GX1–16	1.96	桉叶油素	38.39
GX1–2	2.88	桉叶油素	38.63	GX1–17	2.22	桉叶油素	36.12
GX1–3	2.45	桉叶油素	26.91	GX1–18	3.36	桉叶油素	28.41
GX1–4	2.80	桉叶油素	37.89	GX1–19	2.25	桉叶油素	39.91
GX1–5	2.34	樟脑	83.38	GX1–20	2.50	桉叶油素	39.49
GX1–6	1.47	樟脑	82.79	GX1–21	2.01	桉叶油素	38.52
GX1–7	2.04	樟脑	82.13	GX1–22	2.70	桉叶油素	39.86
GX1–8	1.30	桉叶油素	38.45	GX1–23	2.64	桉叶油素	39.54
GX1–9	3.02	樟脑	78.95	GX1–24	2.14	桉叶油素	38.43
GX1–10	2.38	桉叶油素	39.43	GX1–25	1.51	桉叶油素	39.35
GX1–11	3.19	桉叶油素	38.75	GX1–26	2.62	桉叶油素	39.14
GX1–12	3.03	桉叶油素	39.17	GX1–27	3.03	芳樟醇	90.63
GX1–13	0.32	芳樟醇	85.80	GX1–28	2.26	桉叶油素	40.15
GX1–14	0.33	芳樟醇	87.88	GX1–29	2.24	芳樟醇	61.68
GX1–15	3.22	芳樟醇	71.82	GX1–30	2.13	桉叶油素	41.25

从广西金花茶国家级自然保护区黄樟居群随机采集的 30 株样品的叶精油含量、第一主成分及含量见表 2–25。由表可知，广西金花茶国家级自然保护区黄樟居群叶精油含量变化范围为 0.36%~3.52%，叶精油含量最高的植株（GX2–13）

是叶精油含量最低植株（GX2–21）的 9.8 倍。广西金花茶国家级自然保护区黄樟居群叶精油含量水平也较高，叶精油含量高于 1.0% 的单株占比达 90.0%，叶精油含量高于 2.0% 的单株占比达 76.7%，叶精油含量高于 3.0% 的单株占比达 20.0%。叶精油中第一主成分较为单一，主要包括桉叶油素、芳樟醇、桉油醇、樟脑 4 种，其中桉叶油素出现频率最高，占总株数的 73.3%。叶精油中第一主成分的含量变化范围为 24.77%~91.30%。本居群中桉叶油素资源十分丰富，且叶精油含量高，可作为桉叶油素良种选育和开发利用的重点遗传群体。

表 2–25　广西金花茶国家级自然保护区黄樟居群（GX2）叶精油含量及第一主成分　%

样株号	叶精油含量	第一主成分	第一主成分含量	样株号	叶精油含量	第一主成分	第一主成分含量
GX2–1	2.97	桉叶油素	39.44	GX2–16	2.60	桉叶油素	39.19
GX2–2	2.60	芳樟醇	91.30	GX2–17	2.70	桉叶油素	39.37
GX2–3	0.49	桉油醇	45.54	GX2–18	3.12	桉叶油素	39.55
GX2–4	2.44	桉叶油素	37.64	GX2–19	2.20	桉叶油素	40.19
GX2–5	2.90	桉叶油素	39.60	GX2–20	3.16	桉叶油素	37.70
GX2–6	2.63	桉叶油素	24.77	GX2–21	0.36	桉油醇	26.51
GX2–7	1.99	樟脑	88.93	GX2–22	2.73	桉叶油素	38.78
GX2–8	1.67	樟脑	80.46	GX2–23	2.58	桉叶油素	38.71
GX2–9	1.76	桉叶油素	39.70	GX2–24	3.21	桉叶油素	36.55
GX2–10	3.01	桉叶油素	39.25	GX2–25	0.61	桉叶油素	46.89
GX2–11	2.43	桉叶油素	38.07	GX2–26	1.87	桉油醇	53.49
GX2–12	2.21	芳樟醇	86.85	GX2–27	2.22	桉叶油素	38.40
GX2–13	3.52	桉叶油素	39.21	GX2–28	2.56	樟脑	38.44
GX2–14	2.03	桉叶油素	40.12	GX2–29	2.82	桉叶油素	47.95
GX2–15	3.06	桉叶油素	39.72	GX2–30	2.19	桉叶油素	36.46

（2）广西黄樟叶精油化学成分

广西 2 个黄樟居群叶精油主要化学成分占比见表 2–26。由表可知，从广西黄樟叶精油中鉴定了 35 种主要化学成分，其中单萜烃类占比 21.24%、含氧单萜类占比 68.42%、倍半萜烃类占比 1.73%、含氧倍半萜类占比 3.33%、其他成分占 0.11%。广西黄樟叶精油化学成分占比排名前 10 名的化学成分分别为桉叶油素（占比 28.34%）、L-α-萜品醇（占比 14.08%）、芳樟醇（占比 10.83%）、β-水芹烯（占比 10.61%）、樟脑（占比 9.00%）、α-蒎烯（占比 3.69%）、β-蒎烯（占比 3.15%）、γ-桉叶醇（占比 2.14%）、月桂烯（占比 1.49%）、龙脑（占比 1.40%）。从广西黄樟叶精油主要化学成分占比可知，广西黄樟居群是个富含桉叶油素、L-α-萜品醇、芳樟醇、β-水芹烯、樟脑等成分的遗传资源库，尤其桉叶油素资源十分优良，可将广西黄樟居群作为桉叶油素型黄樟良种选育和开发利用的重点居群。

表 2-26　广西黄樟居群叶精油化学成分占比　　%

序号	化学成分	化学成分英文名称	GX1	GX2	平均
	单萜烃	**Monoterpenes hydrocarbons**	**21.4**	**21.1**	**21.24**
1	3-侧柏烯	3-Thujene	0.7	0.7	0.66
2	α-蒎烯	alpha-Pinene	3.6	3.8	3.69
3	莰烯	Camphene	0.5	0.5	0.48
4	β-水芹烯	beta-Phellandrene	10.6	10.6	10.61
5	β-蒎烯	beta-Pinene	3.2	3.1	3.15
6	月桂烯	Myrcene	1.5	1.5	1.49
7	α-萜品烯	alpha-Terpinen	1.0	0.5	0.70
8	o-伞花烃	o-Cymene	0.3	0.4	0.34
9	D-柠檬烯	D-Limonene	0.2	0.1	0.14
	含氧单萜	**Oxygenated monoterpenes**	**72.5**	**64.3**	**68.42**
10	桉叶油素	Eucalyptol	28.0	28.7	28.34
11	反式-芳樟醇氧化物	*trans*-Linalool oxide	1.5	1.5	1.48
12	顺式-芳樟醇氧化物	*cis*-Linalool oxide	0.5	0.4	0.42
13	芳樟醇	Linalool	13.7	7.9	10.83
14	顺式-β-萜品醇	*cis*-beta-Terpineol	0.7	0.6	0.67
15	樟脑	Camphor	11.0	7.0	9.00
16	反式-环氧芳樟醇	*trans*-Epoxylinalol	1.3	1.3	1.32
17	龙脑	Borneol	1.9	0.9	1.40
18	4-萜品醇	4-Terpineol	0.3	0.9	0.63
19	L-α-萜品醇	L-alpha-Terpineol	13.5	14.7	14.08

（续）

序号	化学成分	化学成分英文名称	GX1	GX2	平均
20	β-香茅醇	beta-Citronellol	0.1	0.2	0.17
21	4-羟基-β-紫罗兰酮	4-Hydroxy-beta-ionone	0.0	0.2	0.08
	倍半萜烃	**Sesquiterpene hydrocarbons**	**1.2**	**2.3**	**1.73**
22	β-石竹烯	beta-caryophyllene	0.0	0.2	0.10
23	α-石竹烯	alpha-caryophyllene	0.6	0.6	0.58
24	别香橙烯	Alloaromadendene	0.1	0.6	0.38
25	大根香叶烯 D	Germacrene D	0.4	0.9	0.67
	含氧倍半萜	**Oxygenated sesquiterpene**	**0.1**	**6.6**	**3.33**
26	反式-橙花叔醇	*trans*-Nerolidol	0.1	0.3	0.18
27	氧化石竹烯	Caryophyllene oxide	0.0	0.8	0.41
28	草烯环氧化物	Humulene epoxide	0.0	0.2	0.09
29	γ-桉叶醇	gama-eudesmol	0.0	4.3	2.14
30	杜松醇	Cadinol	0.0	0.1	0.06
31	α-桉叶醇	alpha-eudesmol	0.0	0.2	0.08
32	环氧红没药烯	Bisabolene epoxide	0.0	0.4	0.20
33	金合欢醇	Farnesol	0.0	0.3	0.13
34	7-羟基法尼烯	7-Hydroxyfarnesene	0.0	0.1	0.06
	其他	**Others**	**0.0**	**0.2**	**0.11**
35	甲基异丁香酚	Methylisoeugenol	0.0	0.2	0.11

2.1.2.6　黄樟叶精油区域变异

（1）不同区域黄樟叶精油含量变异

20 个天然居群黄樟叶精油含量变异情况见表 2-27 和图 2-1。黄樟居群间和单株间叶精油含量变化范围均较大，分别为 1.15~23.6mg/g 和 0.2~41.3mg/g。广西黄樟天然居群叶精油含量水平最高，平均叶精油含量达到 23.4mg/g，其次是云南 5 个居群的黄樟，平均叶精油含量达到 12.93mg/g。广东、湖南和江西的黄樟居群叶精油含量均值都较低，分别为 5.96mg/g、4.21mg/g 和 3.11mg/g。广西黄樟天然居群的叶精油含量均值远高于其他 4 省，分别为云南、广东、湖南、江西黄樟天然居群叶精油均值的 1.81 倍、3.93 倍、5.56 倍和 7.52 倍。广西黄樟天然居群可作为选育高精油含量黄樟工业原料林优良品系的重点筛选群体。

20个居群个体间叶精油含量变异系数都较大，其中GD4、HN2、HN3、JX1、JX2、JX3、JX4等7个天然居群个体叶精油含量变异达到强变异（$C_v \geq 1.0$）水平，另外13个天然居群个体叶精油含量变异达到中变异（$0.1 < C_v < 1.0$）水平。其中，广西黄樟居群的叶精油含量个体变异相对其他4省黄樟居群的叶精油含量个体变异较小，绝大多数个体精油含量保持较高水平。

总体而言，20个黄樟天然居群叶精油含量个体变异较大，高精油含量黄樟个体选择潜力较大。除广西2个高精油含量居群外，广东4个居群（GD1、GD2、GD3、GD4）、云南4个居群（YN2、YN3、YN4、YN5）和江西1个居群（JX4）均出现了叶精油含量高于20mg/g的高精油含量个体，尤其云南的YN4居群出现了叶精油含量高达41.3mg/g的优良单株。可见，云南和广东天然居群也可作为选育高精油含量黄樟工业原料林优良品系的筛选群体。

表2-27　不同区域黄樟叶精油含量

序号	区域	居群名称	居群精油均值（mg/g）	精油含量变异系数	样株精油最低值（mg/g）	样株精油最高值（mg/g）
1	广东省	GD1	6.93	0.69	0.20	22.80
2		GD2	7.05	0.83	0.30	27.90
3		GD3	7.75	0.79	0.30	22.40
4		GD4	2.73	1.62	0.20	22.10
5		GD5	5.33	0.74	0.40	12.40
均值		—	5.96	0.93	0.28	21.52
6	云南省	YN1	10.70	0.53	0.50	17.60
7		YN2	10.56	0.56	2.10	21.70
8		YN3	10.84	0.62	0.30	26.00
9		YN4	16.57	0.44	1.10	41.30
10		YN5	15.98	0.42	2.30	34.60
均值		—	12.93	0.51	1.26	28.24
11	湖南省	HN1	5.44	0.94	0.30	15.50
12		HN2	2.37	1.18	0.30	8.90
13		HN3	4.81	1.15	0.30	14.30
均值		—	4.21	1.09	0.30	12.90

（续）

序号	区域	居群名称	居群精油均值（mg/g）	精油含量变异系数	样株精油最低值（mg/g）	样株精油最高值（mg/g）
14	江西省	JX1	4.29	1.07	0.30	15.70
15		JX2	1.52	2.27	0.30	15.80
16		JX3	1.15	1.82	0.30	8.80
17		JX4	4.30	1.14	0.30	20.50
18		JX5	4.29	0.78	0.20	10.90
均值		—	3.11	1.42	0.28	14.34
19	广西壮族自治区	GX1	23.20	0.34	3.20	37.30
20		GX2	23.60	0.33	3.60	35.20
均值		—	23.40	0.34	3.40	36.25

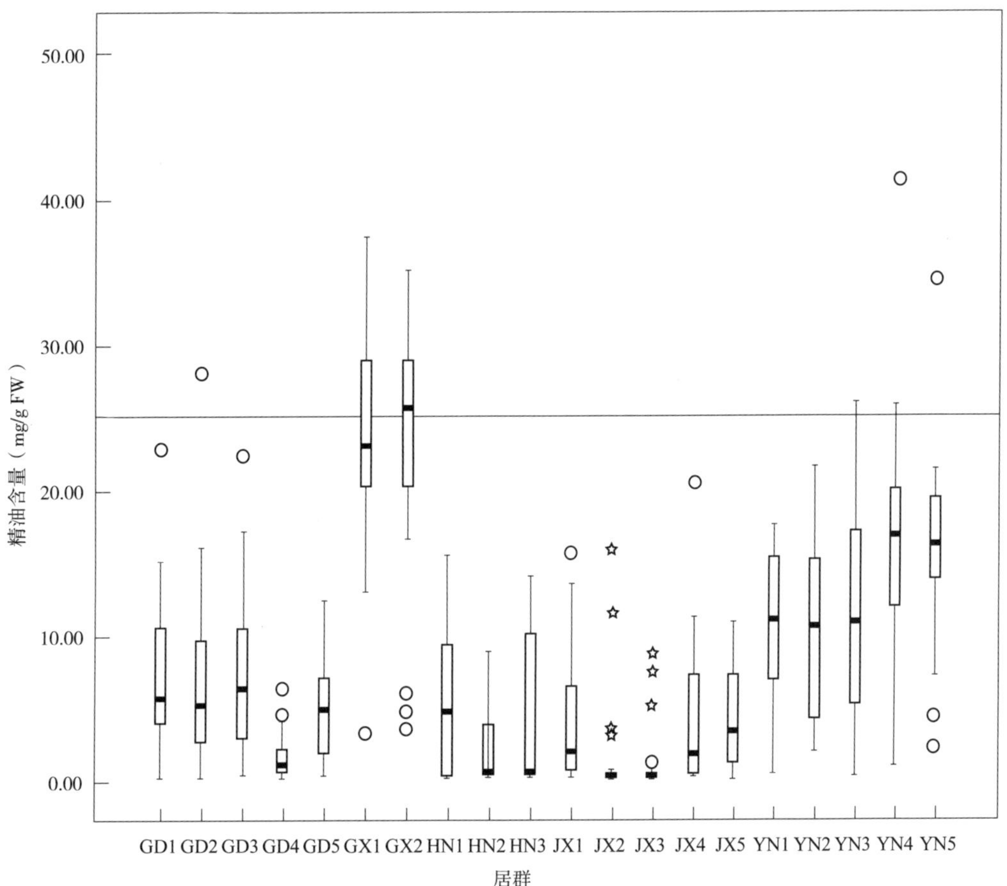

图 2-1　黄樟不同天然居群叶精油含量变异

（2）黄樟叶精油化学成分组成

对5省（自治区）20个天然居群564株黄樟单株叶精油化学成分进行鉴定，总共检测到117种化学成分，其中包括51种单萜、46种倍半萜和20种非萜类化合物。单萜主要由芳樟醇、樟脑、桉叶油素、柠檬醛、水芹烯、L-α-萜品醇、4-萜品醇、薄荷醇组成（居群平均值>5%），其中芳樟醇和樟脑往往以高含量出现，芳樟醇在单株中含量通常大于80%，樟脑在单株中含量通常大于90%。倍半萜主要由反式-橙花叔醇、β-石竹烯、榄香醇、甲基异丁香酚、γ-桉叶醇、α-桉叶醇、氧化石竹烯、β-红没药烯组成（居群平均值>2%）。

黄樟叶精油化学成分主要包括单萜烃、含氧单萜、倍半萜烃、含氧倍半萜和其他非萜类化合物（图2-2）。20个黄樟天然居群叶精油中化学成分以含氧单萜占比最大，其次为含氧倍半萜。云南黄樟叶精油化学成分主要由含氧单萜组成，5个天然居群叶精油化学成分含氧单萜所占比例均在80%以上。湖南黄樟叶精油化学成分主要由含氧单萜和含氧倍半萜组成，除此之外，还含有一定量的非萜类化合物。广东黄樟天然居群GD1、GD3、GD5叶精油化学成分主要由含氧单萜组成，占比均在60%以上，但另外2个天然居群GD2和GD4叶精油化学成分主要由含氧单萜和含氧倍半萜组成。江西黄樟叶精油化学成分主要由含氧单萜和含氧倍半萜组成，除此之外，居群JX1、JX2、JX3和JX4叶精油中还含有一定量的非萜类化合物，居群JX5叶精油中还含有一定量的单萜烃类化合物。广西黄樟叶精油化学成分主要由含氧单萜组成，2个天然居群叶精油化学成分含氧单萜所占比例均在65%以上，除含氧单萜外还含有一定量的单萜烃类化合物。

黄樟叶精油含量较高的成分主要有含氧单萜芳樟醇、樟脑、桉叶油素、柠檬醛和含氧倍半萜反式-橙花叔醇、β-石竹烯等，其中芳樟醇是香水及日化产品使用频率最高的香料，还具有镇痛、抗炎、抗肿瘤的功效；樟脑具清凉、消肿、止痛的功效，广泛用于医药制剂；桉叶油素具有抗菌、杀虫功效，是世界十大精油产品之一，在医药、日化和工业领域应用广泛；柠檬醛是广泛使用的食品添加剂，还具有显著抑菌作用（Shi et al.，2017）。

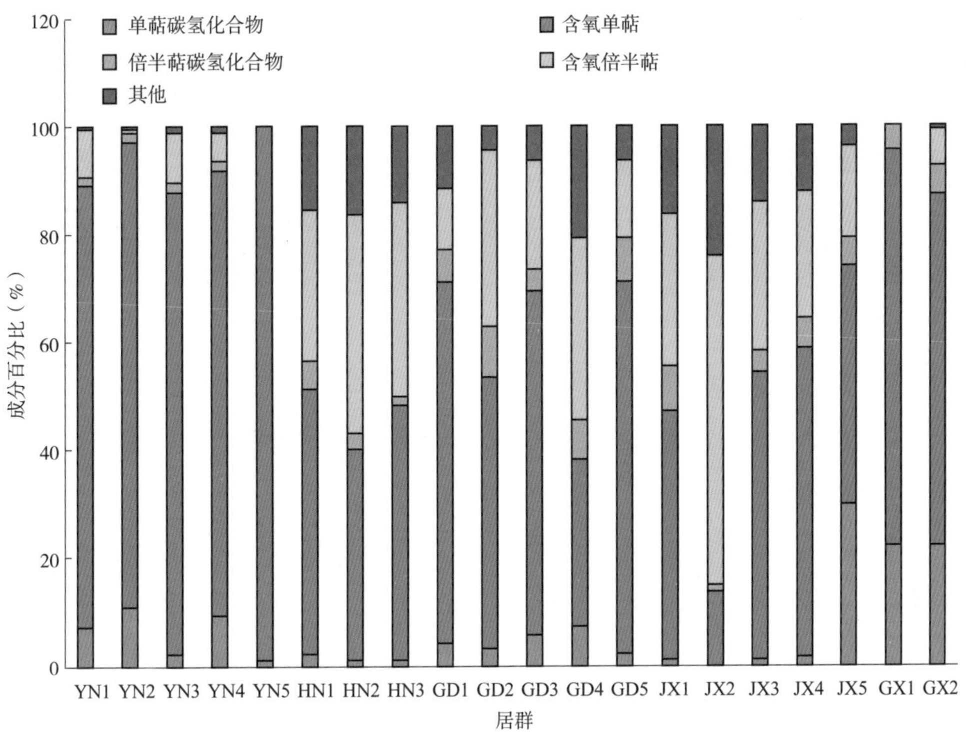

图 2-2　黄樟不同天然居群叶精油不同萜类比例

与本研究相同，已有报道中国江西省一个野生居群黄樟叶精油主要成分也是芳樟醇（81.01%）（罗永明等，2003），但与马来西亚黄樟叶精油化学成分不同（Subkiet al.，2013），马来西亚黄樟叶精油含黄樟油素高达 93.19%，未检测出芳樟醇。可见，不同地区黄樟叶精油化学成分差异大，且黄樟个体间叶精油主要成分差异也极大，可为不同利用目标的黄樟化学型良种选育和开发利用提供丰富的遗传材料。

本研究是至今为止鉴定出黄樟叶精油化学成分种类最多的一次报道，其中有一半以上化学成分在黄樟叶精油中首次报道，包括重要的香精、香料原料——香茅醇，薄荷醇、薄荷酮和药用成分原料乙酸龙脑酯等。除此之外，叶精油中还存在一定比例的非萜类化合物，这些化合物包括潜在的植物源杀虫剂甲基丁香酚（Huang et al.，2002）和具有止痛抗炎作用的药用成分乙酸龙脑酯等。

（3）黄樟叶精油化学型分布

根据黄樟叶精油化学成分中第一主成分的不同将黄樟划分为不同的化学型（吴航等，1992）。按照叶精油中第一主成分从 5 省（自治区）20 个天然居群黄樟样株中鉴定了 14 种化学型，分别为芳樟醇型、樟脑型、桉叶油素型、反式-橙花叔醇型、柠檬醛型、萜品醇型、黄樟油素型、龙脑型、榄香醇型、石竹烯型、甲基异丁香酚型、乙酸龙脑酯型、桉油醇型和花柏烯型。本研究中鉴定的 14 种黄樟化学型包含了吴航等（1992）报道的黄樟 7 种化学型中的芳樟醇型、樟脑型、桉叶油素型、柠檬醛型、反式-橙花叔醇型 5 种化学型，但未检测到松油醇型黄樟单株。

20 个黄樟天然居群中 14 种化学型株数占比情况见图 2-3。如图所示，云南 5 个天然居群的化学型相对较为简单，包括樟脑型、桉叶油素型、反式-橙花叔醇型和芳樟醇型 4 种化学型，居群个体绝大多数为樟脑型和桉叶油素型，尤其居群 YN5 中樟脑型黄樟个体占居群个体的 96%。湖南天然居群黄樟包含榄香醇型、桉叶油素型、樟脑型、萜品醇型和芳樟醇型 5 种化学型，以榄香醇型和桉叶油素型为主。广东天然居群黄樟化学型多样，包括芳樟醇型、樟脑型、桉叶油素型、反式-橙花叔醇型、柠檬醛型、甲基异丁香酚型、萜品醇型、龙脑型、榄香醇型、乙酸龙脑酯型、桉油醇型、花柏烯型 12 种化学型，以桉叶油素型、

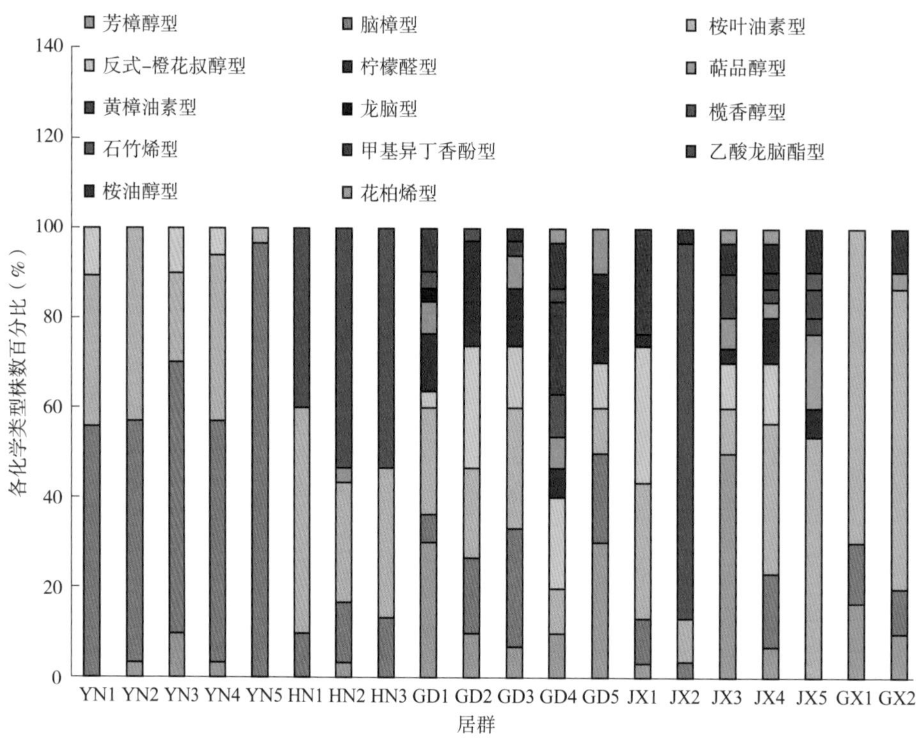

图 2-3　黄樟天然居群中 14 种化学型数量分布

反式–橙花叔醇型、樟脑型、芳樟醇型、柠檬醛型和甲基异丁香酚型为主。江西天然居群黄樟化学型也丰富多样，包括芳樟醇型、樟脑型、桉叶油素型、反式–橙花叔醇型、柠檬醛型、甲基异丁香酚型、萜品醇型、黄樟油素型、榄香醇型、石竹烯型、桉油醇型、花柏烯型 12 种化学型，以桉叶油素型、反式–橙花叔醇型、榄香醇型、樟脑型、芳樟醇型为主。其中居群 JX2 中榄香醇型个体占了居群个体的 83%。广西天然居群的化学型较为简单，包括桉叶油素型、樟脑型、芳樟醇型、桉油醇型和萜品醇型等 5 种化学型，居群个体以桉叶油素型、樟脑型和芳樟醇型为主。

桉叶油素型、樟脑型和芳樟醇型分布频数最大，广泛分布在各个区域，其中桉叶油素型在 20 个天然居群均有分布，樟脑型在除 GD4、JX3 和 JX5 之外的 17 个天然居群均有分布，芳樟醇型在广东和广西分布最为广泛，除 YN1、YN5、HN1、HN3、JX2 和 JX5 之外的 14 个天然居群均有分布。部分化学型仅在个别天然居群或少数天然居群分布，其中，龙脑型仅在 GD1 居群分布，黄樟油素型和石竹烯型均仅在 JX5 天然居群分布，乙酸龙脑酯型仅在 GD4 天然居群分布，花柏烯型仅在 GD4、JX3、JX4 天然居群分布。榄香醇型在广东、江西、湖南等 10 个天然居群均有分布，但呈现出在湖南所有居群和江西居群 JX2 中大量分布，在其他居群仅少量出现的现象，在云南和广西未有分布。可见，在 20 个黄樟天然群体中分布频数较大的化学型有 9 个，分别为桉叶油素型、樟脑型、芳樟醇型、反式–橙花叔醇型、柠檬醛型、萜品醇型、榄香醇型、甲基异丁香酚型、桉油醇型等。

根据 20 个天然居群黄樟叶精油化学型分布特点，云南黄樟天然居群可作为樟脑型和桉叶油素型良种选育筛选群体。湖南黄樟天然居群可作为榄香醇型良种选育筛选群体。广东黄樟天然居群可作为芳樟醇型、柠檬醛型、反式–橙花叔醇型良种选育筛选群体。江西黄樟天然居群 JX1 可作为甲基异丁香酚型良种选育筛选群体，天然居群 JX2 可作为榄香醇型良种选育筛选群体，天然居群 JX3 可作为芳樟醇型良种选育筛选群体。广西黄樟天然居群可主要作为桉叶油素型良种选育重点筛选群体。

根据 14 个化学型叶精油中第一主成分所属化学成分类型，将 14 个化学型分为烃类、含氧单萜、含氧倍半萜及非萜类四大类，20 个天然居群各类萜类类型黄樟个体数量占比见图 2–4。如图所示，20 个天然居群除居群 HN2、HN3、GD4 和 JX2 4 个居群外，其他 16 个居群均以含氧单萜类型为主，HN2、HN3、GD4 和 JX2 4 个居群以含氧倍半萜为主。多数含氧单萜化合物和含氧倍半萜化合物具有重要的经济开发价值，比如广泛用于香精香料和医药产业的芳樟醇、樟脑、桉叶油素、柠檬醛均为含氧单萜化合物，榄香醇、橙花叔醇、桉油醇均为含氧倍半萜，可见，黄樟作为香精香料工业原材料树种开发前景广阔。

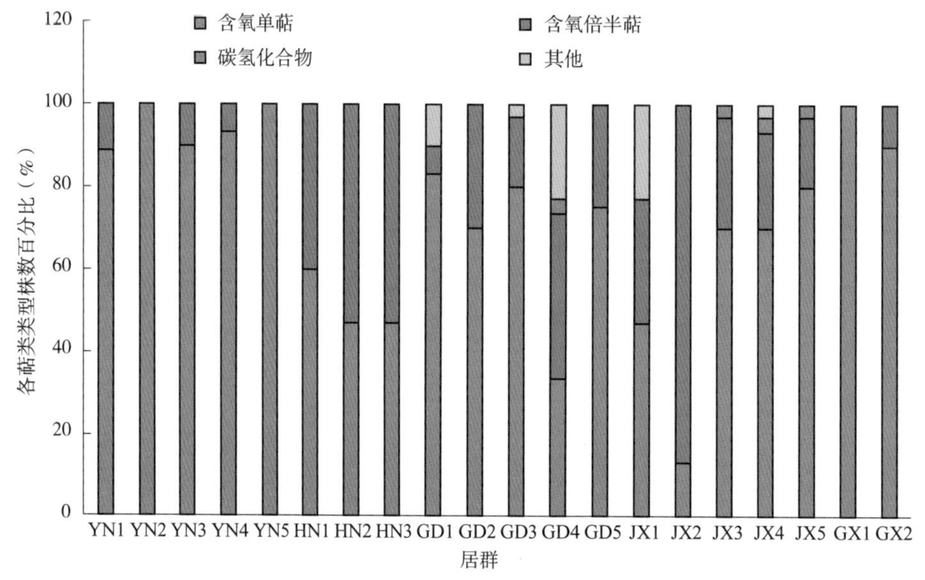

图 2–4　20 个黄樟天然居群各萜类类型数量分布

黄樟 14 种化学型的代表样品（叶精油中第一主成分含量最高）叶精油化学成分见表 2–28。芳樟醇型、樟脑型和龙脑型黄樟的代表样株中叶精油第一主成分均在 90% 以上，芳樟醇、樟脑、龙脑含量分别为 96.1%、99.4%、91.5%，几乎为单一萜类化合物，极具香精香料工业原材料开发价值。黄樟叶精油中各类主要化学成分含量水平均高于多数植物。据已有报道，樟科樟属植物银木、精油植物扭鞘香茅（*Cymbopogon tortilis*）叶精油中甲基异丁香酚含量分别为 21.0% 和 12.9%（林正奎等，1987；丘雁玉等，2009），万寿菊（*Tagetes erecta*）和阴香（*Cinnamomum burmanni*）叶精油中萜品醇含量分别为 20.8% 和 7.06%（Moghaddam et al.，2006；邓超澄等，2010）；富含柠檬醛的精油植物橘草（*Cymbopogon goeringii*）叶精油中 *Z*– 柠檬醛和 *E*– 柠檬醛含量分为 26.56%

表 2-28 14 种化学型代表样品叶精油化学成分

%

化学成分	樟脑型	龙脑型	柠檬醛型	芳樟醇型	甲基异丁香酚型	反式－橙花叔醇型	桉叶油素型	乙酸龙脑酯型	榄香醇型	花柏烯型	萜品醇型	黄樟油素型	石竹烯型	桉油醇型
3-侧柏烯	—	—	—	—	—	—	0.5	—	—	—	—	—	—	—
α－蒎烯	—	—	—	tr	tr	—	3.5	—	—	—	—	0.7	—	—
莰烯	—	—	—		—	—	0.3	—	—	—	—	—	—	—
β－水芹烯	—	—	—	0.1	tr	—	15.2	—	—	—	—	1.1	—	1.5
β－蒎烯	—	—	—	tr	—	—	4.0	—	—	—	—	0.6	—	—
月桂烯	—	—	—	—	—	—	0.8	—	—	—	—	0.5	—	—
α－水芹烯	—	—	—	—	—	—	tr.	—	—	—	—	0.7	—	—
α－萜品烯	—	—	—	—	—	—	0.4	—	—	—	—	—	—	—
o-伞花烃 e	—	—	0.6	0.1	0.2	—	0.3	—	—	—	0.2	—	—	2.0
D-柠檬烯	—	—	0.4	0.3	0.1	—	0.5	—	—	—	3.7	4.8	—	0.9
桉叶油素	—	—	—	0.6	—	—	53.7	0.9	—	6.3	0.2	5.7	20.0	1.0
γ－松油烯	—	—	—	—	—	—	0.8	—	—	—	0.4	—	—	—
反式－芳樟醇氧化物	—	—	—	0.2	—	—	0.6	—	—	—	—	—	—	—
顺式－芳樟醇氧化物	—	—	—	0.2	—	—	0.2	—	—	—	—	—	—	1.3
芳樟醇	—	—	2.2	96.1	—	—	0.5	—	—	—	1.7	4.9	2.5	—
顺式－β－萜品醇	—	—	—	—	—	—	0.3	—	—	—	—	—	0.7	—
松香芹醇	—	—	—	—	—	—	—	3.8	—	—	—	—	—	—
β－香茅醛	—	—	—	—	—	—	—	—	—	—	1.7	—	—	—
樟脑	99.4	1.0	—	—	—	—	—	—	—	—	—	14.4	—	—
龙脑	—	91.5	2.5	—	—	1.0	0.4	0.9	—	—	0.3	—	—	—

（续）

化学成分	樟脑型	龙脑型	柠檬醛型	芳樟醇型	甲基异丁香酚型	反式－橙花叔醇型	桉叶油素型	乙酸龙脑酯型	榄香醇型	花柏烯型	萜品醇型	黄樟油素型	石竹烯型	桉油醇型
4-萜品醇	—	—	—	0.2	—	—	2.8	—	—	1.9	2.5	0.6	3.0	—
L-α－萜品醇	—	2.0	0.8	0.4	—	—	9.9	1.5	1.2	5.1	81.8	3.0	8.5	0.96
薄荷醇	—	—	—	—	—	—	—	—	—	—	—	—	3.0	—
β-香茅醇	—	—	2.9	0.2	—	—	—	—	—	0.7	—	1.4	—	—
β-柠檬醛	—	—	21.5	—	—	—	—	0.5	—	—	—	—	—	—
香叶醇	—	—	6.1	—	—	—	—	—	—	—	0.1	0.9	—	—
2,6- 二甲基 -1,7- 辛二烯 -3,6- 二醇	—	—	—	—	—	—	—	—	—	—	—	0.7	—	—
α－柠檬醛	—	—	30.5	—	—	—	—	0.8	—	—	—	—	—	—
3,9- 环氧对薄荷烯	—	—	—	—	—	—	—	16.4	—	—	—	—	—	—
乙酸龙脑酯	—	—	—	—	—	—	—	19.3	—	—	1.0	—	—	—
黄樟油素	—	—	—	—	—	—	—	7.2	—	—	—	20.4	—	—
4,5- 二异丙烯基 -2,2- 二甲基 -1,3- 二氧戊环	—	—	—	—	—	—	—	1.5	—	—	0.4	—	—	—
6-(1- 羟基 -1- 甲基乙基)-3- 甲基 -2- 环己烯 -1- 醇	—	—	—	—	—	—	—	7.5	—	2.9	0.3	—	—	—
3,3- 二甲基环己烷乙醛	—	—	2.1	—	—	—	—	—	—	—	0.1	—	—	—
马鞭基乙醚	—	—	0.7	—	—	—	—	3.2	—	—	0.2	—	0.2	—
环氧芳樟醇	—	—	—	—	—	—	—	2.6	—	0.9	—	0.8	—	—

（续）

化学成分	樟脑型	龙脑型	柠檬醛型	芳樟醇型	甲基异丁香酚型	反式－橙花叔醇型	桉叶油素型	乙酸龙脑酯型	榄香醇型	花柏烯型	萜品醇型	黄樟油素型	石竹烯型	桉油醇型
松香二醇	—	—	—	—	—	—	—	1.0	—	2.9	—	—	—	—
顺式－马鞭草醇	—	—	0.9	—	—	—	—	1.1	—	—	—	—	—	—
甲基丁香酚	—	—	—	—	—	0.3	—	—	—	—	—	—	—	—
1-(1-己烯基)-环己醇	—	—	—	—	4.2	—	—	—	—	0.9	—	18.5	—	—
硝基苯醇	—	—	—	—	—	—	—	—	—	1.8	—	0.5	0.2	—
荜澄茄烯	—	—	—	—	—	—	—	—	—	—	—	—	—	3.3
β-石竹烯	—	—	5.2	—	1.6	0.6	0.6	—	—	3.8	—	0.6	49.8	1.7
环氧-α-萜烯基乙酸酯	—	—	—	—	1.0	—	—	—	—	0.7	—	—	0.1	—
α-石竹烯	—	—	—	0.5	0.4	0.4	0.1	—	—	4.1	0.3	0.5	—	1.5
别香橙烯	—	—	—	—	—	1.0	—	1.9	—	0.8	—	—	—	3.0
大根香叶烯	—	—	—	—	0.2	3.7	0.1	8.9	—	1.2	—	—	—	5.1
甲基异丁香酚	—	—	—	—	82.8	—	—	—	—	13.8	—	3.0	—	4.5
α-愈创木酚	—	—	—	—	—	—	—	—	—	2.1	—	1.1	—	—
β-花柏烯	—	—	—	—	—	0.3	0.6	1.1	—	30.47	0.2	1.3	—	—
β-红没药烯	—	—	—	—	—	—	—	2.2	—	—	—	—	—	—
愈创木-1(10),4-二烯	—	—	—	—	—	0.4	—	1.9	—	—	—	—	—	—
榄香醇	—	—	—	—	4.9	—	—	—	38.8	—	—	—	0.2	0.8
反式－橙花叔醇	—	—	4.8	0.5	1.2	56.2	0.4	—	1.4	—	—	4.2	—	0.6
β-马兜铃烯	—	—	—	—	—	1.5	—	—	—	0.7	—	—	—	2.1
桉油烯醇	—	—	—	—	0.1	1.1	0.3	—	1.0	—	—	0.9	2.2	5.6
氧化石竹烯	—	1.8	1.2	—	0.4	0.5	0.4	—	1.8	—	—	0.8	—	5.2
愈创木醇	—	—	—	—	—	0.3	—	—	2.4	—	—	—	0.3	—

（续）

化学成分	樟脑型	龙脑型	柠檬醛型	芳樟醇型	甲基异丁香酚型	反式 – 橙花叔醇型	桉叶油素型	乙酸龙脑酯型	榄香醇型	花柏烯型	萜品醇型	黄樟油素型	石竹烯型	桉油醇型
2–甲基 –2– 丁酸异龙脑酯	—	—	—	—	—	—	—	—	4.3	—	—	—	—	—
草烯环氧化物	—	—	—	—	—	0.5	—	—	1.7	—	—	—	—	—
γ–桉叶醇	—	—	—	—	—	0.4	—	—	12.8	—	—	—	0.4	45.5
杜松醇	—	—	—	—	—	0.7	—	—	—	—	—	—	—	1.1
α–桉叶醇	—	—	—	—	—	0.6	—	—	—	—	—	—	0.4	1.3
环氧红没药烯	—	—	—	—	1.2	1.0	—	—	22.3	—	0.1	0.5	—	3.3
反式 – β – 紫罗兰酮	—	—	—	—	—	3.7	0.3	—	—	—	—	—	—	0.9
马兜铃酮	—	—	—	—	—	—	—	—	—	—	—	—	—	0.8
4–环氧丙内酯	—	—	—	—	—	—	—	—	—	—	—	—	—	1.0
法尼醇	—	—	—	—	—	0.5	—	—	—	—	—	—	—	—
3–甲基 –2–烯酸异龙脑酯	—	—	—	—	—	—	1.9	—	—	—	—	6.0	—	—
韦得醇	—	—	6.1	—	0.8	18.9	—	2.3	—	—	—	—	0.8	—
7–羟基法尼烯	—	—	—	—	—	—	—	—	—	—	—	—	0.3	0.7
表蓝桉醇	—	—	—	—	—	1.3	—	3.4	—	0.8	—	—	—	—
4– 羟基 –β –紫罗兰酮	—	—	—	—	—	—	—	—	1.5	—	—	—	1.0	1.3
甲酸松油酯	—	—	—	—	—	—	—	2.0	—	—	—	—	—	—

注：tr 表示痕量（＜ 0.1%）。

和 23.49%（丘雁玉等，2009）；富含反式-橙花叔醇的花椒（*Zanthoxylum bungeanum*）和番石榴（*Psidium guajava*）叶精油中反式-橙花叔醇含量分别为 51% 和 17.3%（Euclésio et al.，2005；Paniandy et al.，2000）；白花含笑（*Michelia mediocris*）、大花蕙兰（*Cymbidium hybridum*）和不同产地香茅草叶精油中榄香醇含量分别为 9.76%、11.21%% 和 5.5%~10.79%（杜金风等，2016；Mallavarapu et al.，1992；喻世涛等，2016）；丁香和阴香叶精油中 β-石竹烯含量分别为 17.4% 和 21.71%（Jirovetz et al.，2006；邓超澄等，2010）。而本研究中甲基异丁香酚型黄樟叶精油中甲基异丁香酚含量达 82.8%，萜品醇型黄樟叶精油中 L-α-萜品醇含量达 81.8%，桉叶油素型、柠檬醛型、反式-橙花叔醇型黄樟叶精油中第一主成分含量均达 50% 以上，含量水平均高于大多数天然精油植物。乙酸龙脑酯、榄香醇、花柏烯、石竹烯等成分在天然植物中含量较低，而在黄樟中能成为精油中第一主成分十分少见，可见黄樟是极其珍贵的香精、香料种质资源。

（4）黄樟天然居群聚类分析与主成分分析

① 基于 20 个居群精油含量和 9 种主要化学型个体数量分布的主成分分析和聚类分析。采用 R 语言对 20 个天然居群精油含量及 9 个主要化学型个体数量进行主成分分析结果如图 2-5（a）（c）（d）所示，采用 SPSS22.0 软件对 20 个天然居群精油含量及 9 个主要化学型个体数量进行聚类分析结果见图 2-5（b）。主成分分析中前四个维度（PC1、PC2、PC3、PC4）解释了 94.63% 的变异，其中 PC1 和 PC2 分别占了 40.89% 和 26.56%，而 PC3 和 PC4 分别占了 20.83% 和 6.35%，PC1 和 PC2 明确分离了富含桉叶油素、樟脑和榄香醇的黄樟个体，PC3 和 PC4 主要分离了富含芳樟醇、桉叶油素、反式-橙花叔醇、甲基异丁香酚的黄樟个体。以桉叶油素、樟脑、榄香醇、芳樟醇、反式-橙花叔醇、甲基异丁香酚等化学成分为主要分类特征将 20 个黄樟天然居群划分为四大类，第一类为精油含量高且广泛分布桉叶油素型的广西居群（GX1 和 GX2），第二类为广泛分布樟脑型的云南居群（YN1、YN2、YN3、YN4 和 YN5），第三类为富集榄香醇型的湖南和江西混合居群（HN1、HN2、HN3 和 JX2），第四类为化学型丰富多样为特征的广东和江西混合居群（GD1、GD2、GD3、GD4、GD5、JX1、JX3、JX4 和 JX5），这些居群的变化连续，以致无法区分为不同的组。

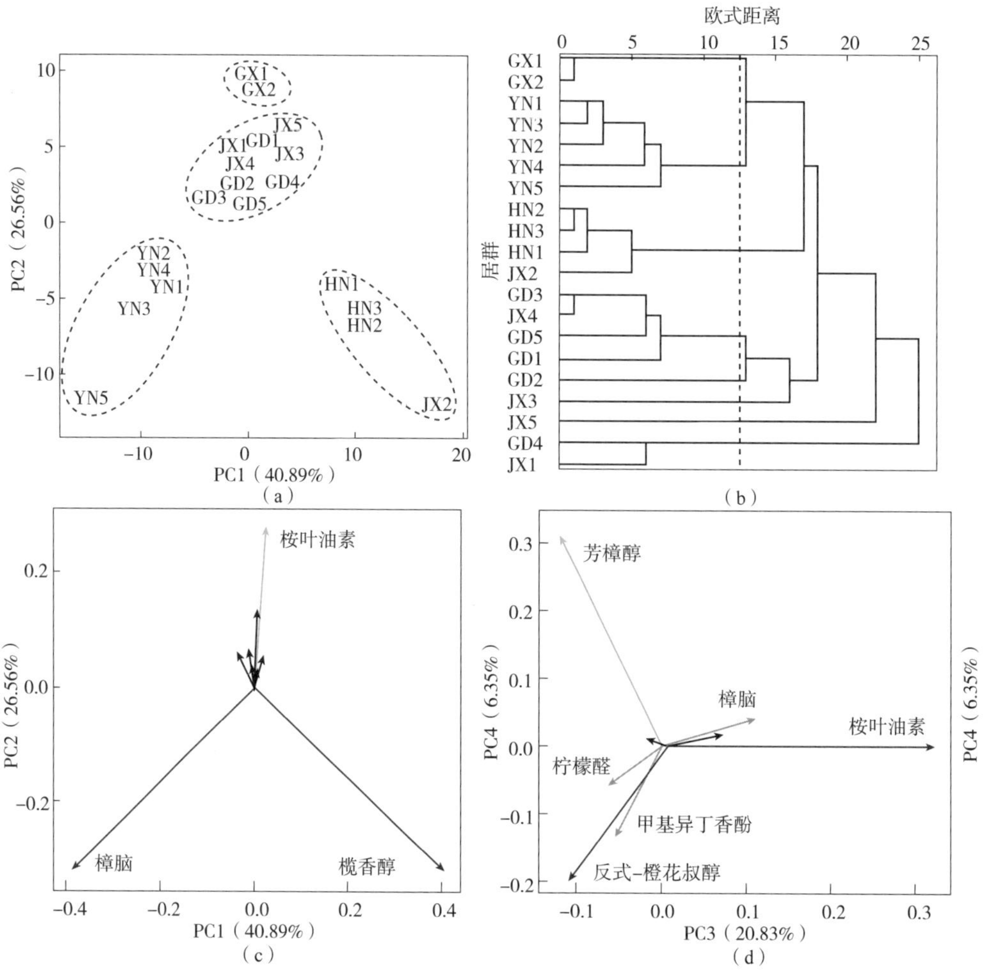

图 2-5 基于 20 个居群精油含量和 9 种主要化学型个体数量的聚类分析和主成分分析

(a)(c)(d)为基于 20 个居群精油含量和 9 种主要化学型个体数量的主成分分析；
(b)为基于 20 个居群精油含量和 9 种主要化学型个体数量的聚类分析

以 20 个天然居群精油含量及 9 个主要化学型个体数量为分析变量，采用欧式距离计算准则，进行聚类分析，以距离中点 12.5 为界，可将 20 个黄樟天然居群分为 8 个亚组。其中前三个亚组与主成分分析划分结果一致，第一组为桉叶油素型为特征的广西居群（GX1 和 GX2），第二亚组为以樟脑型为特征的云南居群（YN1、YN2、YN3、YN4 和 YN5），第三亚组为以榄香醇型为特征的湖南和江西混合居群（HN1、HN2、HN3 和 JX2），第四个亚组为以芳樟醇型为特征的 JX3 居群，第五亚组为以甲基异丁香酚型和反式 – 橙花叔醇型为特征的 GD4 和 JX1 居群。另外以化学型丰富多样将江西和广东的其他 6 个居群划分为 3 个亚组，亚组特征不突出且不单一。

从主成分分析和聚类分析结果来看，20 个居群的分类特征比较明显，主要分为富集桉叶油素型的广西类群、富集樟脑型的云南类群、富集榄香醇型的湖南和江西混合类群、化学型丰富多样的广东和江西混合类群，分类结果与各居群的地理距离相吻合。

② 基于 20 个居群化学成分的主成分分析。采用 R 语言对 20 个天然居群的 14 种主要化学成分和 117 种化学成分分别进行主成分分析，结果如图 2–6（a）（b）所示。对 14 种主要化学成分（桉叶油素、樟脑、芳樟醇、反式–橙花叔醇、柠檬醛、萜品醇、黄樟油素、龙脑、榄香醇、石竹烯、甲基异丁香酚、乙酸龙脑酯、桉油醇和花柏烯）主成分分析前四个维度（PC1、PC2、PC3、PC4）解释了 91.51% 的变异，其中 PC1 和 PC2 分别占了 65.39% 和 13.62%，而 PC3 和 PC4 分别占了 9.36% 和 3.14%，PC1 明确区分了富含樟脑的黄樟个体，PC2 明确分离了富含桉叶油素和芳樟醇的黄樟个体，PC3 和 PC4 主要分离了富含榄香醇、甲基异丁香酚、桉叶油素和芳樟醇黄樟个体。

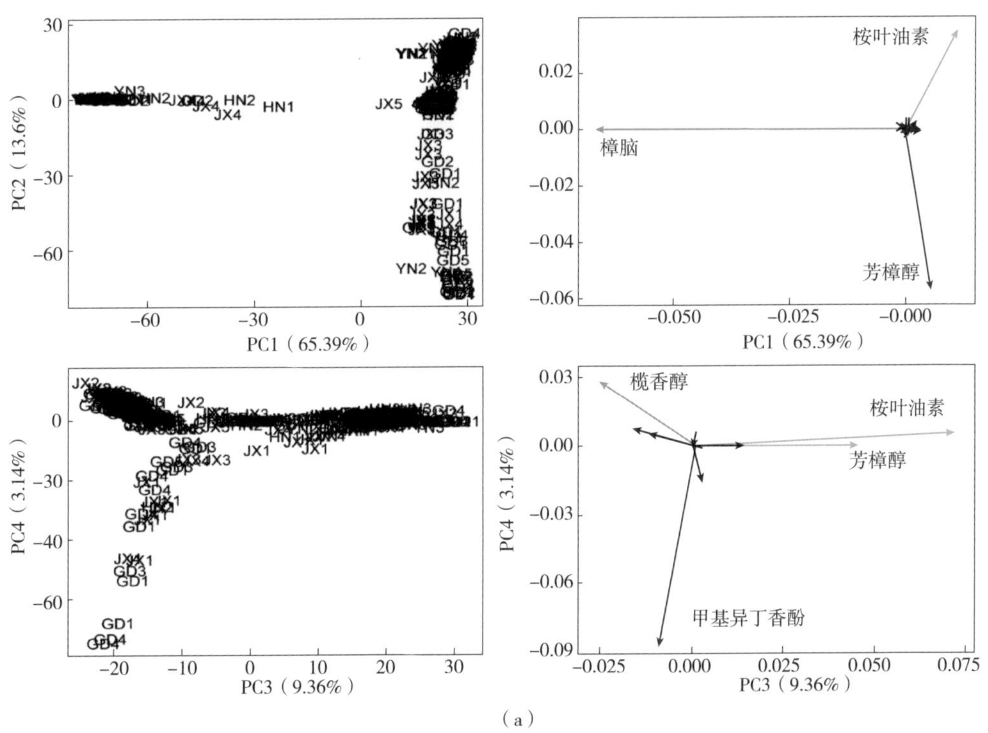

（a）

图 2–6　基于 14 种主要化合物含量和所有化合物含量的主成分分析

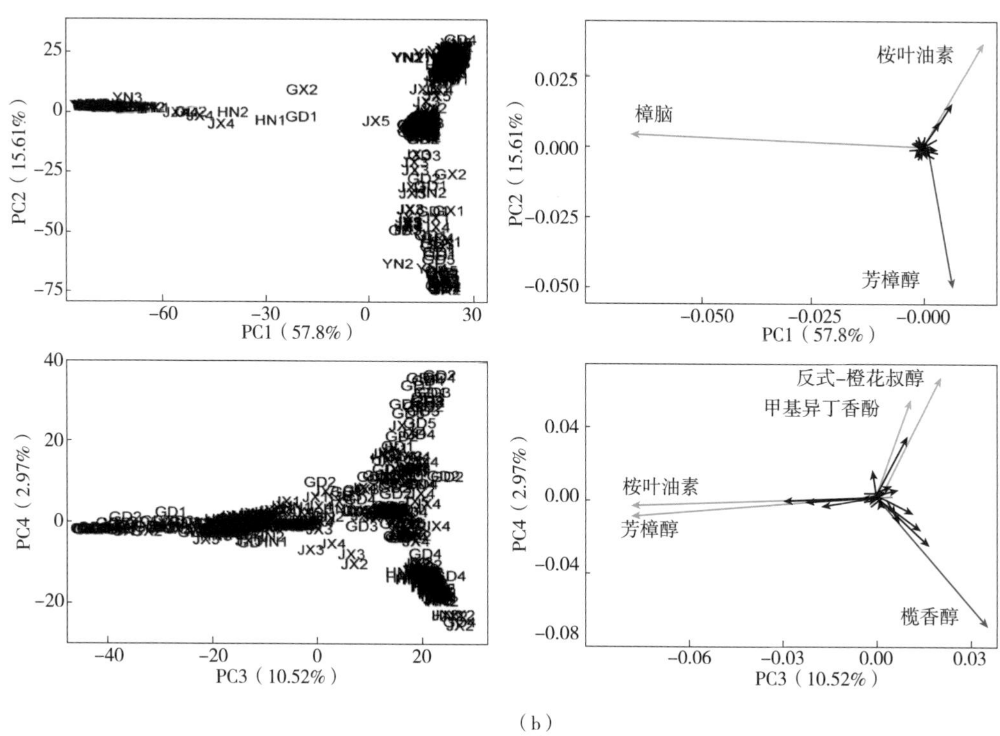

（b）

图 2-6　基于 14 种主要化合物含量和所有化合物含量的主成分分析（续）

（a）为 20 个天然居群基于 14 种主要化合物含量的主成分分析；
（b）为 20 个天然居群基于所有鉴定化合物（117 种）含量的主成分分析

对所有化学成分主成分分析前四个维度解释了 86.90% 的变异，其中 PC1 和 PC2 分别占了 57.80% 和 15.61%，而 PC3 和 PC4 分别占了 10.52% 和 2.97%。与 14 种主要化学成分的主成分分析结果相同，PC1 和 PC2 同样明确区分了富含樟脑、桉叶油素和芳樟醇的黄樟个体。PC3 和 PC4 主要分离了富含榄香醇、桉叶油素、芳樟醇、反式-橙花叔醇、甲基异丁香酚的黄樟个体。分别基于 20 个居群叶精油的精油含量和 9 种主要化学型个体数量，精油中 14 种主要化学成分及精油中所有化学成分的主成分分析结果相一致，均以桉叶油素、樟脑、芳樟醇、榄香醇等化学成分为主要分类特征将 20 个黄樟天然居群进行区分。可见将 20 个黄樟天然居群划分为了四大类是合理的。

（5）黄樟叶精油与环境因子相关分析

20 个黄樟天然居群的精油含量及 14 种主要化学成分与环境变量因子的相关分析结果见表 2-29。黄樟精油含量呈现明显的地理梯度，与生长地的纬度、经度均呈极显著的负相关；芳樟醇含量与生境年均温呈显著正相关；樟脑含量与生长地纬度、经度均呈极显著的负相关，与海拔呈极显著正相关；柠檬醛含量与生长地经度和年均温呈极显著正相关，与海拔呈显著负相关；黄樟油素含量与生长地纬度呈极显著正相关，与经度呈显著正相关；β－石竹烯含量与年均温呈显著正相关；甲基异丁香酚含量与生长地经度呈显著正相关；榄香醇含量与生长地纬度呈极显著正相关，与年均温呈极显著的负相关；反式－橙花叔醇含量与生长地年均温呈极显著的正相关。依据相关分析结果，低纬度区域呈现出黄樟精油含量较高，精油中樟脑含量较高的趋势，这与相对低纬度区域广西居群的高精油含量和云南居群的高樟脑含量特征相吻合。相对高经度区域比相对低经度区域呈现出精油含量、樟脑含量下降和柠檬醛含量上升的趋势 。高海拔区域比低海拔区域呈现出樟脑含量上升的趋势。相对高的年均温有利于芳樟醇、柠檬醛、β-石竹烯、反式-橙花叔醇合成，而相对低的年均温却有利于榄香醇的合成。年降水量与黄樟精油含量及主要成分含量均无显著相关关系。

表 2-29　叶精油含量及主要化学成分与环境变量的相关分析

精油含量 / 化学成分	纬度	经度	海拔	年降水量	年均温
精油含量	–0.826**	–0.610**	0.023	0.282	0.365
芳樟醇	–0.016	0.309	–0.324	0.418	0.464*
桉叶油素	–0.244	–0.131	–0.105	0.306	0.069
樟脑	–0.640**	–0.85**	0.634**	–0.019	–0.313
龙脑	0.291	0.377	–0.026	0.005	0.22
萜品醇	–0.069	0.07	–0.067	0.193	0.104
柠檬醛	0.114	0.567**	–0.498*	0.271	0.590**
乙酸龙脑酯	0.311	0.353	–0.081	–0.061	0.011
黄樟油素	0.584**	0.474*	–0.041	–0.265	–0.374
β–石竹烯	0.017	0.387	–0.318	0.218	0.463*
甲基异丁香酚	0.338	0.458*	–0.274	–0.032	0.062
花柏烯	0.375	0.366	–0.132	0.024	–0.041
榄香醇	0.584**	0.329	–0.031	0.092	–0.565**
反式–橙花叔醇	–0.005	0.342	–0.426	0.122	0.571**
桉油醇	0.297	0.369	–0.225	0.355	–0.158

注：* 表示显著相关（$P < 0.05$），** 表示极显著相关（$P < 0.01$）。

2.1.3 结论与讨论

在本研究中，不同居群黄樟叶精油含量和居群内黄樟个体间精油含量都存在极大的差异，精油含量呈现明显的地理梯度，与生长地的纬度、经度均呈极显著的负相关。根据叶精油含量、化学成分及化学型的不同，将我国主要分布区黄樟天然居群分为精油含量高且富集桉叶油素化学型的广西居群，富集樟脑化学型的云南居群，富集橄香醇化学型的湖南和江西混合居群，化学型丰富多样、变异连续的广东和江西混合居群等四大类。居群分化与地理距离相吻合，地理位置相对独立的云南居群、广西居群和湖南居群呈现出化学型较为单一，居群主要化学成分特征明显的特点，而地理位置相邻的广东和江西居群则呈现出化学型丰富多样，居群主要化学成分特征不突出的特点。这可能是由于广东和江西居群地理距离相对较近，存在天然杂交，长期渐渗杂交导致了基因高度交流，形成多种化学型，居群特征逐渐变化，居群独立特征逐渐消失。而云南居群、广西居群和湖南居群被地理隔离，与其他区域居群无法进行基因交流，居群精油特征相对独立和稳定。已有研究也表明，精油变异可能与地理和环境因素有关（Hanlidou et al.，2014），不同的地理位置（De Martino et al.，2009）、不同的气候和土壤条件（Prakash et al.，2013），都会导致精油化学成分组成和产量的变化。此外，植物精油含量和质量变化还取决于植物起源、收获季节和内在遗传因素等（Figuérédo et al.，2006；Nurzynska-Wierdak et al.，2009）。Brigitte 等（2015）对欧洲牛至精油的多样性研究表明，气候条件可能通过影响植物酶活性来控制次生代谢产物合成（Barros et al.，2009）。黄樟不同居群叶精油呈现出的独立特征可能主要由地理和气候因素引起的，居群内个体间叶精油呈现的变异可能主要由内在遗传因素引起，天然杂交、基因交流在连续性地理分布的居群中决定了居群化学型的多样性。

黄樟叶精油中桉叶油素的积累似乎是高精油含量的一个先决条件，除了可能与遗传因素有关外，还可能与桉叶油素化学型油细胞大小和形态有关。Schmiderer 等（2008）对 7 种鼠尾草属植物精油腺体多样性的研究表明，头状油腺主要产生 3 种挥发油化合物：单萜芳樟醇、乙酸芳樟醇以及二萜石蒜醇。然而，盾形油腺积聚了大量倍半萜和未知化合物。这也为黄樟精油多样性产生原因提供了新的研究思路，后续可对不同化学型黄樟精油腺体进行系统研究，探索精油多样性与精油腺体的关系。

2.2　黄樟叶精油年变异研究

2.2.1　试验材料与方法

2.2.1.1　试验材料

试验材料采自江西省吉安市青原山（N27°4′17″，E115°3′25″），2018 年 1~12 月每月 15~17 日从 20 株黄樟试验样株上采集叶片，检测叶精油含量和化学成分。20 株黄樟取样株均为芳樟醇型生长正常大树，树龄 20 年左右，为避免林间郁闭度的差异对精油含量的影响，选择的 20 株黄樟样株均为孤立木。黄樟叶精油年变化规律试验取树冠外层中部完整叶片，从东、西、南、北四个方位取叶混匀后均分为 3 份，每份 100g 左右；采叶时选择具有正常功能的叶片，避免在抽新稍时间采集到新叶，采叶样后立即称鲜重，称重后用封口袋密封保存，采样后 48h 内完成精油提取。

黄樟叶片发育节律观测试验在江西省南昌市黄樟试验基地（N28°44′37″，E115°48′37″），观测时间为 2018 年 1 月到 2019 年 12 月，每月 1 号、11 号、21 号各观测 1 次，记录叶片从发新叶开始到叶片老化脱落的发育过程。

2.2.1.2　试验方法

（1）叶精油提取和化学成分鉴定

叶精油提取方法和化学成分鉴定方法同 2.1.1.2。

（2）数据分析与应用软件

运用 SPSS22.0 软件对不同月份黄樟叶精油含量及第一主成分芳樟醇含量数据进行方差分析和 Duncan 多重比较。

采用 SPSS22.0 软件对叶精油与环境因子、气候因子进行相关分析。

应用 SPSS22.0 软件进行聚类分析（HCA），利用组间连接法进行聚类分析，并选择欧氏距离平方和法构建树状图。

主成分分析（PCA）基于 R 软件（Team RC，2012）的 prcomp 包，绘图使用 ggplot、autoplot 包。

叶精油含量计算公式：叶精油含量（mg/g）= 精油质量（mg）/ 叶鲜质量（g）

或：叶精油含量（%）= 精油质量（g）/ 叶鲜质量（g）×100

2.2.2 结果与分析

2.2.2.1 采样地月均温和月均水雨量

采样地月均温和月均降水量见图 2–7，采样地月均温达到 15℃以上的月份是 4~10 月，其中 6~9 月的月均温达到 25℃以上。月均降水量 3~8 月较大，高于 120mm，4~6 月降水最为充沛，月均降水量均达到 200mm 以上；9 月至翌年 1 月的降水较少，月均降水量均低于 100mm。

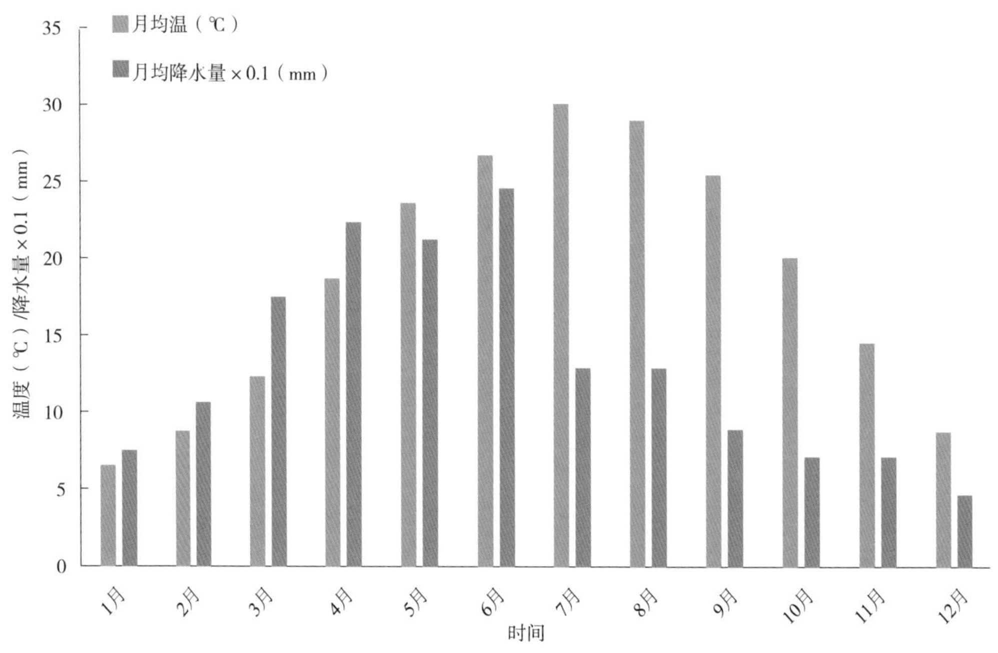

图 2–7 采样地月均温与月均降水量

2.2.2.2 黄樟叶片年发育节律观测

因黄樟叶片存在年更新节律，叶片的发育状况将影响叶精油含量和第一主成分含量，因此本研究对黄樟叶片年发育节律进行了观测，观测结果见图 2–8。黄樟叶片发育一年中主要包括四个阶段：第一阶段是开始发新叶，老叶陆续脱落时期［图 2–8（a）］，这个时期一般出现在 2 月下旬到 3 月上旬，植株上老叶和新叶共存；第二阶段是完成换叶，这个时期一般从 3 月中旬到 4 月上旬，植株上全部为新鲜幼嫩叶片，叶片颜色带淡黄色［图 2–8（b）］；第三阶段是叶片发育为成熟稳定的功能叶，这个时期一般从 4 月中旬持续到 11 月，植株上全部为光滑鲜亮的深绿色的叶片［图 2–8（c）］；第四阶段是叶片开始老化，这个时期一般从 12 月持续到翌年的 2 月，植株上全部为粗糙的深绿色的叶片，部分叶

（a）　（b）　（c）

（d）　（e）　（f）

图 2–8　发育不同阶段的黄樟叶片形态

片边缘变黄［图 2–8（d）］。但第三阶段分别于 6 月和 10 月有两次抽新梢阶段。图 2–8（e）和图 2–8（f）为黄樟叶片从萌生到成熟的发育过程，叶片从新叶到成熟叶，叶片大小逐渐增大，叶片颜色由浅黄色逐渐变为浅绿色最后变为稳定的深绿色，在叶片幼嫩期颜色较为丰富，但大多偏淡黄色。

2.2.2.3　黄樟叶精油含量和叶精油中第一主成分芳樟醇年变化规律

不同月份黄樟叶精油含量和化学成分如图 2–9（a）和表 2–30 所示。黄樟叶精油含量在不同月份间呈现出极显著的差异（$P < 0.01$），5 月叶精油含量最高，显著高于除 4 月、6 月、7 月外的其他 8 个月份，叶精油含量是最低月份 3 月的 1.7 倍。4~6 月叶精油含量水平较高，显著高于 1~3 月、9~12 月等 7 个月份的精油含量。9 月开始叶精油含量显著下降，显著低于 4~6 月精油含量，10 月叶精油含量显著低于 4~7 月精油含量。

12 个月共检测到黄樟叶精油化学成分 40 种，叶精油中第一主成分芳樟醇每月含量均大于 80%，其他 39 种化学成分含量均极低，不做重点分析。芳樟醇含量在 6 月最高，显著高于 1~4 月、11~12 月等 6 个月份，5~10 月的芳樟醇含量无显著差异，均处于较高水平。芳樟醇含量在 3 月最低，显著低于其他所有月份。

图 2-9 呈现了芳樟醇型黄樟叶精油中精油含量和第一主成分芳樟醇含量的月变化规律和季节变化规律。叶精油含量和芳樟醇含量均在 3 月降到最低，4~5 月两者均迅速上升，之后叶精油含量开始下降，但在 4~8 月含量较高；芳樟醇含量 3 月最低，6 月最高，但除 3 月外，其他月份较为平稳。黄樟叶精油含量在夏季最高，冬季持续较低，春季呈上升趋势，秋季呈下降趋势。叶精油中第一主成分芳樟醇含量春季相对较低，夏季、秋季和冬季变化不大。3 月精油含量和芳樟醇含量处于最低水平，这可能与黄樟叶片年更新有关，3 月黄樟植株叶片完成全部更新，叶片均处于幼嫩阶段。

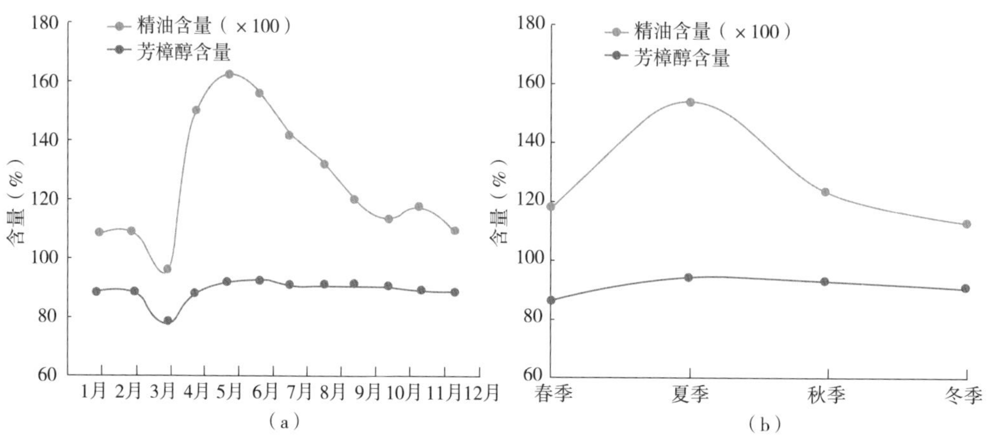

图 2-9 黄樟叶精油含量及芳樟醇含量月变化规律和季节变化规律

以叶精油含量和芳樟醇含量为分析变量，采用欧式距离计算准则，进行聚类分析［图 2-10（a）]，以距离中点 12.5 为界，可将 12 个月份分为高含量类（4 月、5 月、6 月、7 月、8 月）和低含量类（1 月、2 月、3 月、9 月、10 月、11 月、12 月）两大类。以距离 7 为界，将原两大类分为了三个亚组，高含量组保持不变，成为亚组Ⅲ（Cluster Ⅲ）；低含量组的 3 月以精油含量和芳樟醇含量显著低于其他聚类成员而被分离出来成为单独的亚组Ⅱ（Cluster Ⅱ）；原低含量组的 1 月、2 月、9 月、10 月、11 月、12 月聚为一个亚组Ⅰ（Cluster Ⅰ）。以距离 5 为界，可将原来的第 3 个亚组分成精油含量水平最高的小亚组（5 月和 6 月）和精油含量水平较高的小亚组（4 月、7 月、8 月）。

以月均温、月均降水量、叶精油含量和芳樟醇含量为分析变量进行聚类分析结果见图 2-10（b）。以距离中点 12.5 为界，可将 12 个月份分为两大类，一类以高降水量为主要特征的3月、4月、5月和6月，另一类以低降水量为特征。以距离9为界，将原两大类分为了三个亚组，原低降水量组保持不变成为亚组Ⅰ（Cluster Ⅰ），高降水量组以精油含量和芳樟醇含量的不同被分离成两个亚组，其中一个是高精油含量的4月、5月、6月划分为亚组Ⅱ（Cluster Ⅱ），另一个是低精油含量的3月划分为亚组Ⅲ（Cluster Ⅲ）。以距离5为界，根据叶精油含量的不同将原来的低降水量亚组Ⅰ分离为高精油含量小亚组（7月和8月）和低精油含量小亚组（1月、2月、9月、10月、11月、12月），其他亚组分组不变。

根据以叶精油含量和芳樟醇含量为变量的聚类分析可见，12个月内的黄樟叶精油含量大致可以分为四个水平组，从高到低为：5~6月组、4月和7~8月组、1~2月和9~12月组、3月组。而以月均温、月均降水量、叶精油含量和芳樟醇含量为变量的聚类分析将12个月划分为四个水平组与前述相同，但除此之外加入了降水量和月均温信息后，在高降水量组的4个月份中有3个月份（4月、5月、6月）精油含量高，仅1个月份（3月）精油含量低，而3月的精油低含量主要源于叶片处于一年中的幼嫩阶段。降水量组的8个月份中仅2个月份（7月和8月）精油含量较高，且7月和8月处于月均温较高的时期，所以7月和8月的较高精油含量可能包含了高月均温的贡献。由此可以推测，较高的降水量和月均温有利于黄樟叶精油合成。

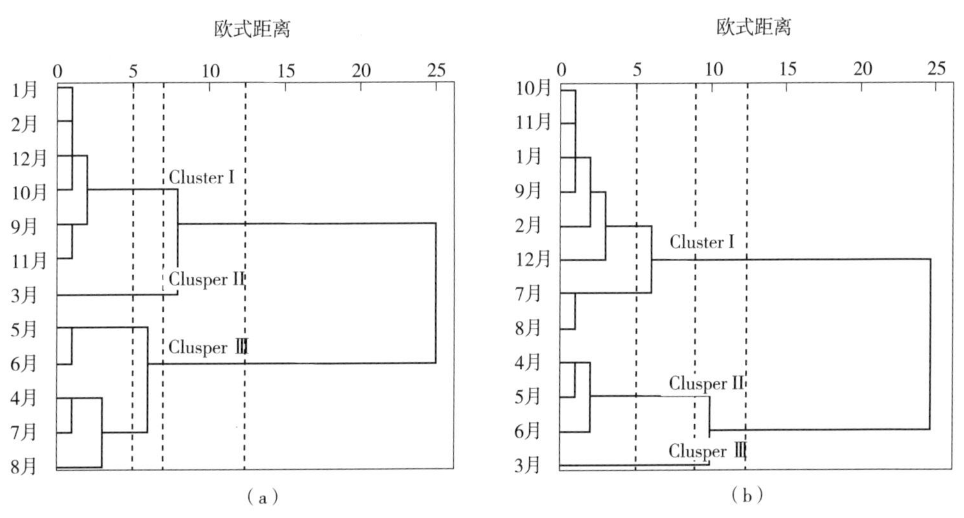

图2-10 不同月份黄樟叶精油含量、芳樟醇含量及其相关气候因子的聚类分析

表 2-30　不同月份黄樟叶精油含量及化学成分

%

化学成分	保留指数 *RI*	1 月	2 月	3 月	4 月	5 月	6 月	7 月	8 月	9 月	10 月	11 月	12 月
α-蒎烯	939	0.2	0.1	0.2	0.1	0.1	0.1	0.1	0.1	0.1	0.1	0.1	0.2
α-莰烯	956	0.1	0.0	0.1	0.1	0.0	0.0	0.0	0.1	0.1	0.0	0.1	0.1
β-水芹烯	977	0.1	0.1	0.0	0.1	0.0	0.1	0.0	0.0	0.0	0.0	0.0	0.1
β-蒎烯	986	0.2	0.1	0.3	0.1	0.1	0.1	0.1	0.1	0.2	0.1	0.1	0.2
月桂烯	989	0.0	0.0	0.0	0.1	0.0	0.0	0.0	0.0	0.4	0.2	0.0	0.0
α-水芹烯	1011	0.1	0.0	0.0	0.0	0.0	0.0	0.1	0.1	0.1	0.0	0.1	0.1
o-伞花烃	1027	0.0	0.0	0.0	0.0	0.0	0.0	0.1	0.0	0.1	0.0	0.0	0.0
D-柠檬烯	1033	0.6	0.2	0.7	0.5	0.5	0.5	0.7	0.8	0.2	0.4	0.6	0.8
桉叶油素	1037	0.4	0.2	0.4	0.2	0.1	0.1	0.3	0.2	0.1	0.2	0.2	0.3
反式-芳樟醇氧化物	1073	0.1	0.6	1.7	0.5	0.1	0.0	0.1	0.0	0.0	0.0	0.1	0.1
反式-芳樟醇氧化物	1089	0.1	0.6	1.7	0.5	0.0	0.0	0.1	0.0	0.1	0.0	0.1	0.1
芳樟醇	1104	90.4^{BC}	90.3^{BC}	80.2^{D}	90.2^{C}	94.0^{AB}	94.9^{A}	93.0^{ABC}	92.5^{ABC}	92.6^{ABC}	92.3^{ABC}	90.9^{BC}	91.1^{BC}
樟脑	1154	0.6	0.5	0.3	0.3	0.4	0.4	0.3	0.6	0.5	0.4	0.4	0.6
龙脑	1178	0.1	0.3	0.9	0.2	0.1	0.1	0.1	0.1	0.1	0.1	1.0	0.1
4-萜品醇	1185	0.1	0.5	2.1	0.5	0.1	0.0	0.1	0.1	0.1	0.0	0.1	0.1
L-α-萜品醇	1198	0.1	0.2	0.5	0.3	0.2	0.1	0.1	0.1	0.1	0.1	0.1	0.1
β-香茅醇	1226	0.0	0.1	0.3	0.1	0.0	0.0	0.0	0.0	0.0	0.0	0.0	0.0
香叶醇	1249	0.0	0.0	0.2	0.1	0.1	0.0	0.1	0.1	0.1	0.0	0.1	0.0
乙酸龙脑酯	1288	0.0	0.0	0.2	0.1	0.1	0.1	0.1	0.1	0.1	0.0	0.3	0.0

（续）

化学成分	保留指数 *RI*	1月	2月	3月	4月	5月	6月	7月	8月	9月	10月	11月	12月
黄樟油素	1293	0.1	0.1	0.2	0.1	0.2	0.4	0.3	0.1	0.1	0.0	0.2	0.1
马鞭基乙醚	1353	0.0	0.8	1.0	0.4	0.1	0.0	0.2	0.0	0.0	0.0	0.1	0.0
松香二醇	1388	0.0	0.2	0.8	0.1	0.1	0.0	0.1	0.0	0.0	0.1	0.0	0.1
甲基丁香酚	1398	0.1	0.1	0.1	0.1	0.0	0.1	0.1	0.1	0.1	0.0	0.1	0.1
荜澄茄烯	1427	0.2	0.0	0.0	0.5	0.3	0.1	0.2	0.2	0.1	0.1	0.2	0.3
β-石竹烯	1430	1.7	0.5	0.8	0.4	1.0	0.6	0.9	0.6	1.5	0.6	1.2	0.3
α-古芸烯	1459	0.1	0.0	0.2	0.1	0.0	0.1	0.1	0.1	0.1	0.0	0.1	0.2
α-石竹烯	1466	1.0	0.2	0.6	0.6	0.5	0.4	0.7	0.7	0.6	0.3	0.8	0.8
别香橙烯	1471	0.2	0.1	0.2	0.2	0.1	0.1	0.1	0.1	0.2	0.2	0.2	0.4
大根香叶烯	1491	0.1	0.1	0.0	0.2	0.1	0.1	0.4	0.7	0.5	0.1	0.9	0.5
甲基异丁香酚	1495	0.6	0.2	0.0	0.4	0.5	0.3	0.4	0.7	0.2	0.6	0.3	0.4
β-花柏烯	1505	0.9	0.6	0.2	0.4	0.3	0.3	0.3	0.7	0.4	0.3	0.5	0.8
β-红没药烯	1511	0.0	0.0	0.0	0.0	0.1	0.1	0.1	0.0	0.0	0.1	0.1	0.1
反式-橙花叔醇	1562	0.4	0.3	0.7	0.3	0.3	0.2	0.3	0.3	0.3	0.2	0.6	0.4
氧化石竹烯	1594	0.5	0.3	1.7	0.6	0.1	0.1	0.1	0.1	0.1	0.2	0.4	0.4
γ-桉叶醇	1643	0.1	0.1	0.2	0.1	0.0	0.0	0.0	0.0	0.0	0.1	0.1	0.1
杜松醇	1653	0.0	0.0	0.2	0.2	0.1	0.1	0.1	0.2	0.3	0.0	0.1	0.2
α-桉叶醇	1665	0.2	0.2	0.1	0.1	0.1	0.1	0.1	0.0	0.1	0.1	0.1	0.1
法尼醇	1717	0.1	0.3	0.2	0.2	0.1	0.1	0.1	0.1	0.1	0.1	0.3	0.2

（续）

化学成分	保留指数 *RI*	1月	2月	3月	4月	5月	6月	7月	8月	9月	10月	11月	12月
7-羟基法尼烯	1777	0.1	0.4	0.8	0.3	0.2	0.0	0.0	0.0	0.0	0.0	0.1	0.1
4-羟基-β-紫罗兰酮	1830	0.1	0.7	1.1	0.3	0.0	0.0	0.0	0.1	0.1	0.1	0.1	0.1
合计		99.8	99.3	98.8	99.7	99.8	99.8	100.0	99.9	99.8	98.7	99.9	98.8
精油含量（g/kg）		10.9^{E}	11.0^{E}	9.6^{E}	15.0^{AB}	16.3^{A}	15.6^{AB}	14.3^{ABC}	13.4^{BCD}	12.1^{CDE}	11.4^{DE}	11.9^{CDE}	11.1^{DE}

注：不同字母表示差异极显著（$P < 0.01$）。

以月均温、月均降水量、叶精油含量和芳樟醇含量为分析变量的主成分分析（图 2-11）再次证实了月份聚类。主成分分析中前两个维度（PC1、PC2）已解释了 99.36% 的变异，其中 PC1 和 PC2 分别占了 94.66 和 4.7%。PC1 主要分离了降水量不同的月份，PC2 主要分离了精油含量不同和月均温不同的月份。以降水量和精油含量为主要分类特征将 12 个月分为了四类，第一类是以精油含量低为主要特征的 3 月组，第二类是以降水量大和精油含量高为主要特征的 4 月、5 月、6 月组，第三类是以精油含量较高为特征的 7 月、8 月组，第四类是低降水量和低精油含量为特征的 1 月、2 月、9 月、10 月、11 月、12 月组。

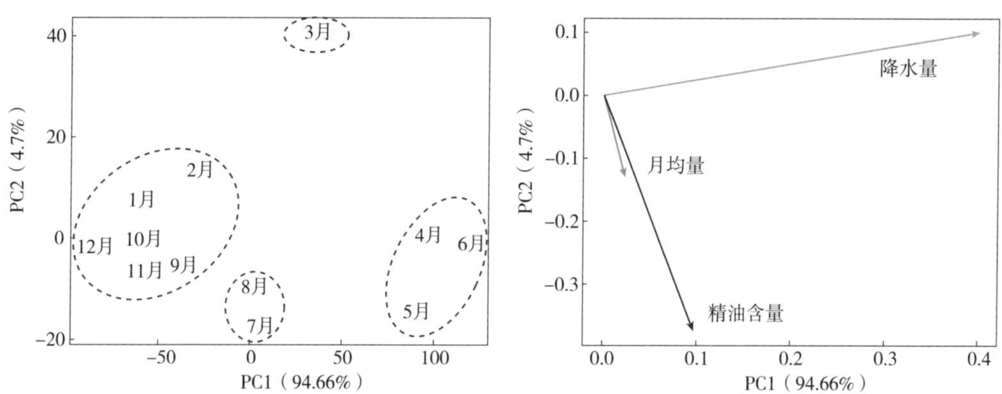

图 2-11　不同月份黄樟叶精油含量、芳樟醇含量及其相关气候因子的主成分分析

12 个月黄樟叶精油含量及芳樟醇含量与生长地的月降水量、月均温的相关分析结果见表 2-31，黄樟叶精油含量与月降水量呈极显著正相关，与月均温呈显著正相关。可见，高降水量和高月均温有利于黄樟精油的体内合成和积累。芳樟醇含量与月降水量、月均温均无显著相关关系，但与叶精油含量存在显著的正相关关系。可见在叶片生产采收或试验采样中只要考虑叶精油含量这一因素，在叶精油含量水平高的月份采集即可。

表 2-31　叶精油和芳樟醇含量与降水量、月均温相关分析

因子	精油含量	芳樟醇	月降水量	月均温
精油含量	1	0.652*	0.711**	0.693*
芳樟醇	0.652*	1	0.021	0.515
月降水量	0.711**	0.021	1	0.433
月均温	0.693*	0.515	0.433	1

注：* 表示显著相关（$P < 0.05$），** 表示极显著相关（$P < 0.01$）。

2.2.3 结论与讨论

叶精油中各种化学成分的合成、累积及变化是植物体内聚合、氧化、脱氢、失水、酯化、环化等多种生理生化反应的综合结果（李飞，2000），精油的合成、累积也是一个动态变化的过程，受到植物自身生长发育条件、生长地气候条件的影响，不同生长季节呈现出一定的节律变化。黄樟叶精油含量和芳樟醇含量均在 3 月降到最低，主要源于此时叶片处于幼嫩新叶发育阶段，次生代谢产物合成和积累需要一定的时间，此时叶片中的精油含量和主要化学成分还不稳定。Zeng 等（2016）对桂花单萜类化合物积累研究中也表明，单萜化合物的积累受器官发育阶段的控制。4~8 月黄樟树叶精油处高水平时期，这可能与植物体内相关代谢酶在这个时期处于活跃阶段有关，同时也可能与这个时期较大的降水量和较高的月均温等气候条件有关。已有报道研究表明，精油化学成分的年变异性，可能与降水量有关（Sá et al.，2016），植物次生代谢产物的产生可能受到季节性等环境因素的影响，这些因素可以改变精油的产量和化学成分（Gobbo-Neto et al.，2007）。除季节性外，地理位置也可能导致精油的物质含量和组分的变化（Gasparetto et al.，2016），本研究得出的黄樟叶精油年变化规律，仅是以江西省吉安市的一个居群为材料的研究结果，今后仍需对不同地理位置的黄樟居群季节变化规律作进一步研究，探讨黄樟叶精油年变化与地理位置的关系，全面掌握黄樟叶精油年变化规律。

萜类化合物含量的变化可能涉及生物合成速率、代谢损失速率、分解速率或挥发速率等生化过程（Gershenzon et al.，2000；Rand et al.，2017）。Gershenzon 等（2000）对薄荷（*Mentha haplocalyx*）单萜类化合物生物合成速率、代谢损失速率和挥发速率的研究表明，萜类物质生物合成速率与萜类积累量密切相关，是控制萜类物质含量的主要因素，在整个叶片发育过程中，未发现萜类化合物的明显分解代谢损失，萜类化合物的挥发速率极低。Barros 等（2009）研究表明，气候条件会影响某些植物的生物合成相关酶活性，进而影响包括萜类化合物在内的次生代谢物的生物合成。降水量和气温等气候条件可能通过影响黄樟叶片萜类化合物生物合成相关酶活性来影响萜类化合物合成，最终决定了黄樟叶精油含量的季节变化。黄樟叶精油的合成和变化可能主要受到黄樟体内代谢途径中关键酶活性的影响，要深入探索黄樟叶精油变异的原因，需要对其生物合成途径进行进一步的研究。

叶精油中第一主成分芳樟醇含量3月最低，6月最高，但除3月外，其他月份较为平稳。张国防等（2012）对芳樟醇型樟树叶精油时间变化规律研究也表明了芳樟醇含量6月最高，之后略有下降，但变化幅度不大。可见，芳樟醇受季节气候影响不大，但与叶片的发育阶段直接相关，叶片发育成熟后，叶片内芳樟醇合成和积累较为稳定。本研究选取了在我国黄樟天然居群中分布频数较大且经济开发价值高的芳樟醇型黄樟为对象进行叶精油年变化规律研究，可为黄樟主要化学型精油年变化规律提供一定的参考，但除芳樟醇型之外其他不同化学型黄樟叶精油中第一主成分的年变化规律是否一致仍需后续进一步研究。

根据黄樟叶精油含量和叶精油中第一主成分年变化规律，对黄樟叶精油化学成分及其生物合成相关研究试验采样宜选择5~8月。综合考虑黄樟叶片生物量积累，在黄樟适生区（中国南部省区）植物叶片生物量生长可持续到10月，因此，黄樟香精香料工业原料林适宜的采收时间为9~10月。

第3章

黄樟不同部位精油研究

黄樟不仅叶中富含精油，其枝、干、根中也含有精油，但不同部位（叶、枝、干、根）精油含量水平和精油的第一主成分并不相同。树龄、化学型的不同对黄樟枝、干、根的精油含量及成分均可能产生影响。树龄是如何影响精油含量和精油第一主成分的，黄樟不同部位精油含量和第一主成分又存在什么变化？本章开展不同林龄、不同部位黄樟精油含量及成分研究，为黄樟全树综合开发利用奠定基础。

3.1 不同林龄黄樟不同部位精油研究

3.1.1 试验材料与方法

3.1.1.1 试验材料

试验材料于2022年3月采自江西省吉安市青原山（N27°4'17″，E115°3'25″），分别采集3年生、5年生、15年生和30年生同一无性系芳樟醇型黄樟。各林龄随机选择3株样株，分别取叶、枝、干、根样品至实验室提取新鲜样品精油，并测定各样品精油化学成分。

3.1.1.2 试验方法

（1）叶精油提取和化学成分鉴定

叶精油提取方法和化学成分鉴定方法同2.1.1.2。

（2）数据分析与应用软件

运用SPSS22.0软件进行方差分析、Duncan多重比较及相关分析。

样品精油含量计算公式：样品精油含量（mg/g）= 样品精油质量（mg）/ 样品鲜质量（g）

或：样品精油含量（%）= 样品精油质量（g）/ 样品鲜质量（g）×100

3.1.2 结果与分析

3.1.2.1 3年生黄樟不同部位精油研究

（1）3年生黄樟不同部位精油含量

3年生黄樟叶、枝、干、根精油含量见表3–1。由表可知，3年生黄樟叶、枝、干、根四个部位精油含量均值为0.48%，各部位精油含量高低顺序为叶＞根＞干＞枝，不同部位精油含量差异显著。叶精油含量显著高于枝、干和根精油含量，分别为枝、干、根精油含量的12.2倍、9.4倍和4.2倍，根中精油含量显著高于枝和干精油含量，分别为枝和干精油含量的2.9倍和2.2倍，枝和干中精油含量无显著差异。

表3–1 3年生黄樟不同部位精油含量测定值

部位	叶	枝	干	根	平均
精油含量（%）	1.22 ± 0.09[a]	0.10 ± 0.01[c]	0.13 ± 0.02[c]	0.29 ± 0.03[b]	0.48

注：表中同行不同字母表示处理间差异显著（$P < 0.05$）。

（2）3年生黄樟不同部位精油成分及其含量

3年生黄樟叶、枝、干、根四个部位精油成分检测的总离子流图见图3–1~图3–4。经检索、解析和文献查对，从四个部位中共鉴定了59种化学成分，其中从叶、枝、干、根中分别鉴定了24、42、39和38种化学成分（表3–2）。本研究采用的3年生芳樟醇型黄樟叶精油主要化学成分为芳樟醇（94.18%），枝精油主要化学成分为芳樟醇（80.91%）和4–萜品醇（5.57%），干精油主要化学成分为桉叶油素（44.43%）、芳樟醇（19.64%）和L–α–萜品醇（12.92%），根精油主要化学成分为黄樟油素（74.35%）、L–α–萜品醇（7.45%）和桉叶油素（4.56%）。

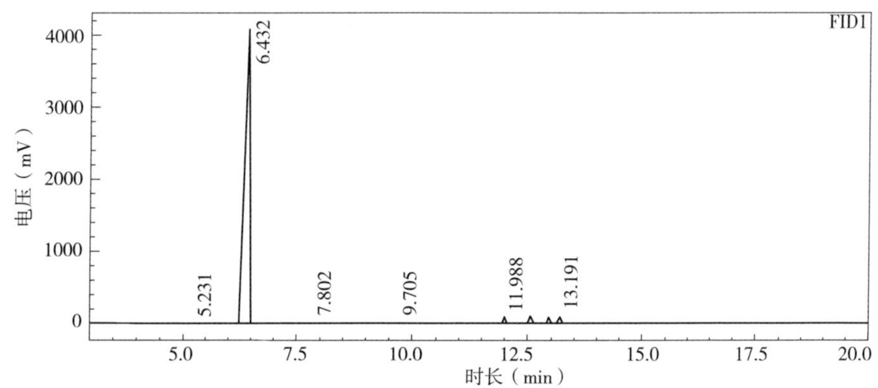

图3–1 3年生黄樟叶精油总离子流

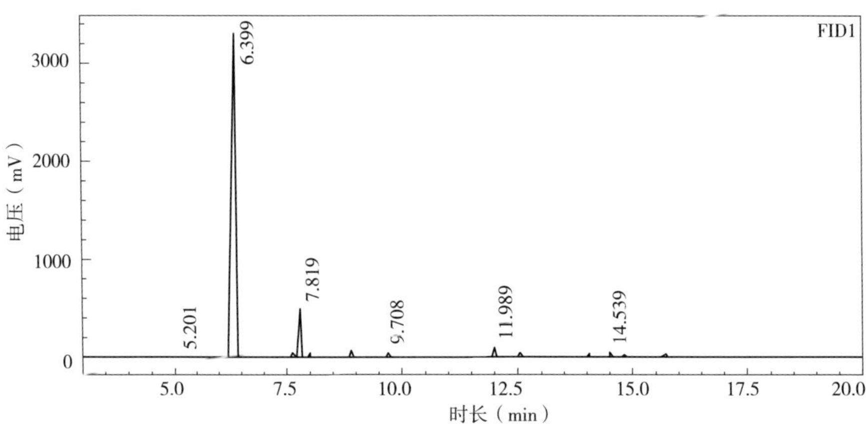

图 3-2　3 年生黄樟枝精油总离子流

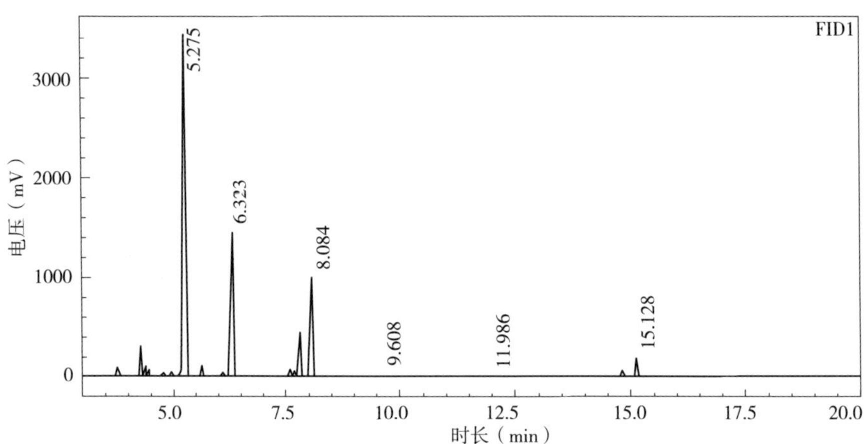

图 3-3　3 年生黄樟干精油总离子流

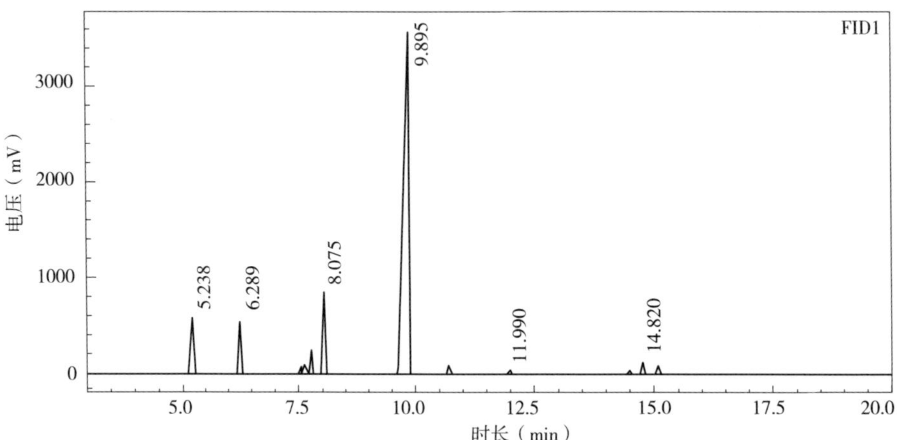

图 3-4　3 年生黄樟根精油总离子流

表 3-2 3 年生黄樟不同部位精油成分及其含量 %

编号	化学成分名称	中文名	相对含量			
			叶	枝	干	根
1	3-Thujene	3-侧柏烯	—	—	0.13	—
2	alpha-Pinene	α-蒎烯	—	—	0.92	—
3	Camphene	莰烯	—	—	0.19	—
4	beta-Phellandrene	β-水芹烯	—	—	3.58	0.04
5	beta-Pinene	β-蒎烯	—	—	1.03	0.04
6	Myrcene	月桂烯	—	0.04	0.81	—
7	alpha-Phellandrene	α-水芹烯	—	0.06	0.35	0.00
8	alpha-Terpinen	α-萜品烯	—	—	0.62	—
9	o-Cymene	伞花烃	—	—	0.15	—
10	Eucalyptol	桉叶油素	0.07	0.40	44.43	4.56
11	gamma-Terpinene	γ-松油烯	—	0.11	1.21	0.09
12	*trans*-Linalool oxide	反式-芳樟醇氧化物	—	0.24	0.16	0.11
13	*cis*-Linaloloxide	顺式-芳樟醇化合物	—	0.22	0.41	0.09
14	Linalool	芳樟醇	94.18	80.91	19.64	4.20
15	*cis*-beta-Terpineol	顺式 - β-萜品醇	—	—	—	0.09
16	1,3,8-p-Menthatriene	1,3,8-对薄荷三烯	—	0.18	—	0.10
17	2,5-dimethyl-1,6-Octadiene	2,5-二甲基 -1,6- 辛二烯	—	—	—	0.14
18	Pinocarveol	松香芹醇	—	0.13	0.13	—
19	beta-Citronellal	β-香茅醛	—	0.09	0.15	0.18
20	verbenol	马鞭草烯醇	—	—	—	0.06
21	*trans*-Epoxylinalol	反式-氧化芳樟醇	—	—	0.86	0.48
22	Borneol	龙脑	0.04	0.63	0.61	0.68
23	4-Terpineol	4- 萜品醇	0.06	5.57	4.80	1.92
24	L-alpha-Terpineol	L-α-萜品醇	0.20	0.76	12.92	7.45
25	menthol	薄荷醇	—	0.07	0.07	0.05
26	beta-Citronellol	β-香茅醇	—	0.21	0.22	0.12
27	beta-Citral	β-柠檬醛	—	—	0.07	—
28	Geraniol	香叶醇	0.07	1.02	0.15	0.06
29	Borneol acetate	乙酸龙脑酯	—	0.07	0.14	—
30	Safrole	黄樟油素	0.02	0.57	0.02	74.35
31	Verbenyl ethyl ether	马鞭基乙醚	0.02	0.09	—	0.72
32	*cis*-Verbenol	顺式-马鞭草醇	—	0.11	—	—
33	Methyleugenol	甲基丁香酚	0.17	—	—	0.08

（续）

编号	化学成分名称	中文名	相对含量			
			叶	枝	干	根
34	Cadinene	荜澄茄烯	0.87	0.06	0.21	0.15
35	alpha–Bergamotene	α–佛手碱	—	1.42	—	—
36	alpha–Gurjunene	α–古芸烯	0.06	—	—	—
37	alpha–Caryophyllene	α–石竹烯	0.84	0.44	0.11	0.07
38	Alloaromadendrene	别香橙烯	0.05	0.10	—	—
39	Germacrene D	大根香叶烯 D	0.69	0.06	—	—
40	Methylisoeugenol	甲基异丁香酚	—	—	0.11	0.06
41	beta–Chamigrene	β–花柏烯	0.90	0.16	0.08	—
42	beta–Bisabolene	β–红没药烯	—	0.11	—	0.08
43	Guaia–1（10），4–diene	愈创木 –1（10），4–二烯	—	0.09	—	0.09
44	*trans*–Nerolidol	反式–橙花叔醇	0.11	0.42	0.10	—
45	beta–Vatirenene	β–梵蒂烯	0.09	—	—	—
46	Spathulenol	油烯醇	0.19	0.10	—	—
47	Caryophyllene oxide	氧化石竹烯	0.14	0.68	0.15	0.20
48	Guaiol	愈创木醇	—	0.08	—	—
49	2–methyl–2–but acid isoborneol ester	2–甲基 –2–丁酸异龙脑酯	0.11	0.42	0.68	0.91
50	Humulene epoxide	草烯环氧化物	0.06	0.17	0.09	0.01
51	Selina–6–en–4–ol	6–芹子烯–4 醇	—	0.15	2.18	0.71
52	gama–Eudesmol	γ–桉叶醇	0.07	0.12	—	0.05
53	Cadinol	杜松醇	0.05	0.14	0.13	0.08
54	alpha–Eudesmol	α–桉叶醇	—	—	0.90	0.15
55	Bisabolene epoxide	环氧红没药烯	0.11	0.56	0.15	0.09
56	*trans*–beta–Ionone	反式–β–紫罗兰酮	—	0.60	—	0.15
57	Aristolone	马兜铃酮	—	0.17	—	—
58	Farnesol	金合欢醇	—	0.33	0.06	0.06
59	Widdrol	韦得醇	—	0.08	—	—
合计（种）			24	42	39	38

注："—"表示未检测到。

3.1.2.2　5 年生黄樟不同部位精油研究

（1）5 年生黄樟不同部位精油含量

5 年生黄樟叶、枝、干、根精油含量见表 3–3。由表可知，5 年生黄樟叶、枝、干、根四个部位精油含量均值为 0.56%，各部位精油含量高低顺序为叶 > 根 > 干 > 枝，不同部位精油含量差异显著。叶精油含量显著高于枝、干和根精油含量，分别为枝、干、根精油含量的 10.9 倍、5.0 倍和 4.7 倍，干和根精油含量无显著差异，但均显著高于枝精油含量，分别比枝精油含量高 116.7% 和 133.3%。

表 3–3　5 年生黄樟不同部位精油含量测定值

部位	叶	枝	干	根	平均
精油含量（%）	1.31 ± 0.09[a]	0.12 ± 0.02[c]	0.26 ± 0.04[b]	0.28 ± 0.04[b]	0.56

注：表中同行不同字母表示处理间差异显著（$P < 0.05$）。

（2）5 年生黄樟不同部位精油成分及其含量

5 年生黄樟叶、枝、干、根四个部位精油成分检测的总离子流图见图 3–5~ 图 3–8。经检索、解析和文献查对，从四个部位中共鉴定了 51 种化学成分，其中从叶、枝、干、根中分别鉴定了 12、44、33 和 32 种化学成分（表 3–4）。本研究采用的 5 年生芳樟醇型黄樟叶精油主要化学成分为芳樟醇（96.46%），枝精油主要化学成分为芳樟醇（49.87%）、桉叶油素（19.44%）、L-α-萜品醇（12.38%）和 4- 萜品醇（4.72%），干精油主要化学成分为桉叶油素（57.78%）、L-α-萜品醇（13.95%）、β-水芹烯（5.73%）、4-萜品醇（4.40%）和芳樟醇（3.34%），根精油主要化学成分为黄樟油素（82.22%）和 L-α-萜品醇（6.21%）。

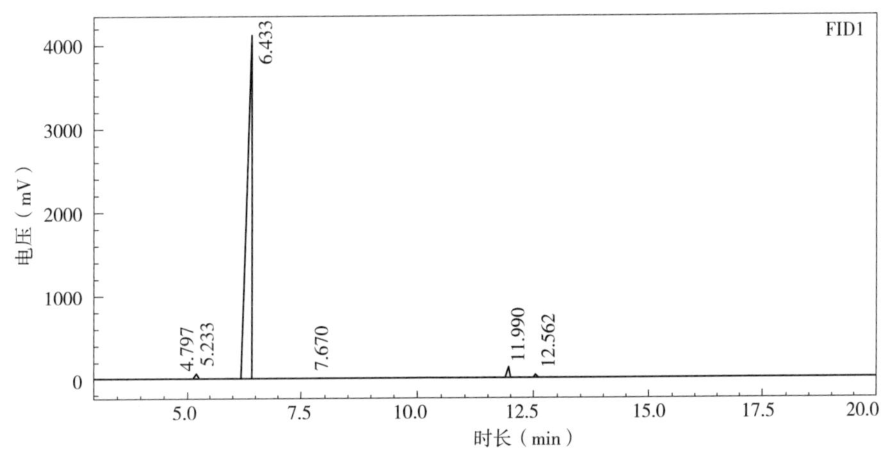

图 3–5　5 年生黄樟叶精油总离子流

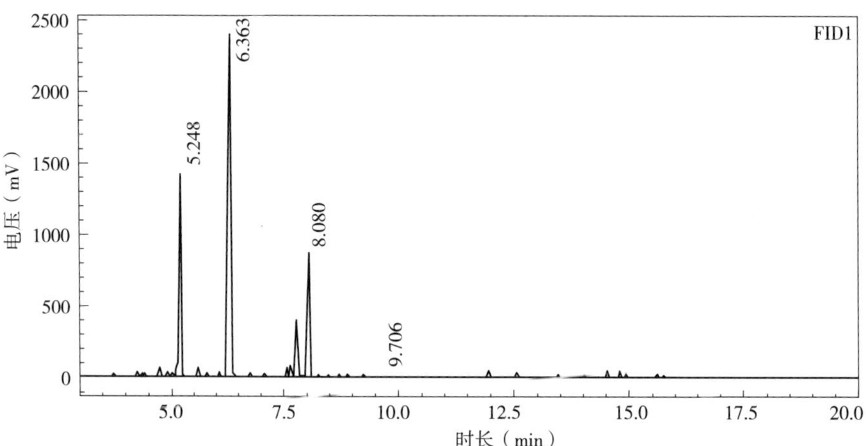

图 3-6　5 年生黄樟枝精油总离子流

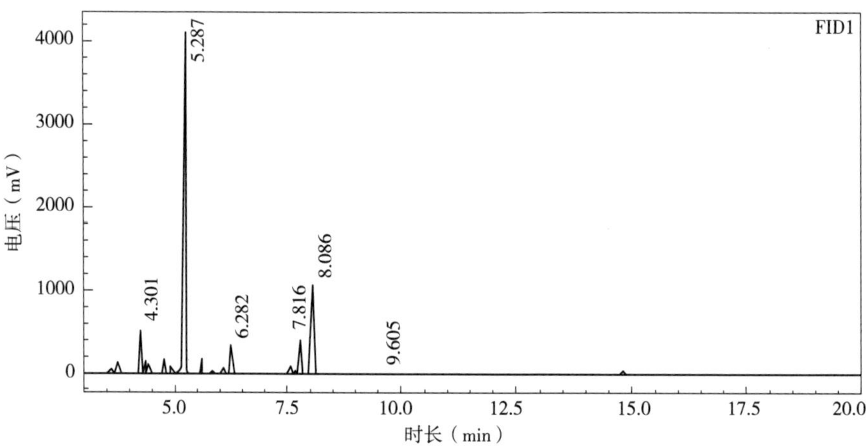

图 3-7　5 年生黄樟干精油总离子流

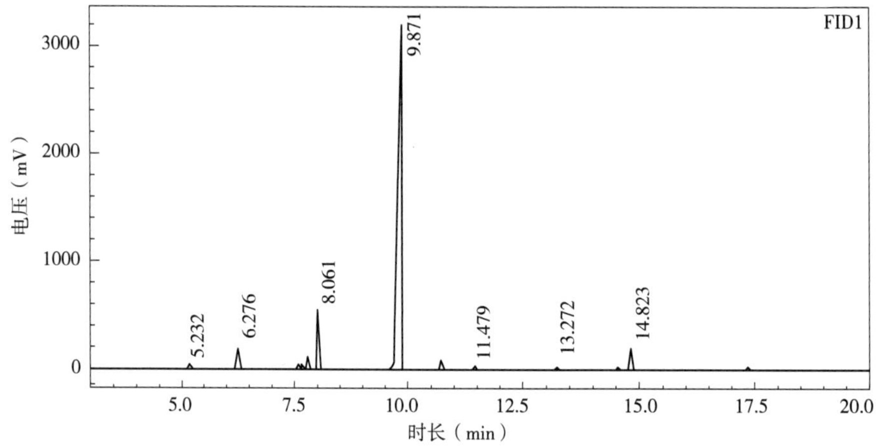

图 3-8　5 年生黄樟根精油总离子流

表 3-4 5 年生黄樟不同部位精油成分及其含量 %

编号	化学成分名称	中文名	相对含量			
			叶	枝	干	根
1	3-Thujene	3-侧柏烯	—	0.02	0.30	—
2	alpha-Pinene	α-蒎烯	—	0.16	1.45	—
3	Camphene	莰烯	—	—	0.13	—
4	beta-Phellandrene	β-水芹烯	—	0.45	5.73	0.44
5	beta-Pinene	β-蒎烯	0.01	0.21	1.36	—
6	Myrcene	月桂烯	—	0.36	1.15	—
7	alpha-Phellandrene	α-水芹烯	—	0.79	2.10	.
8	alpha-Terpinen	α-萜品烯	—	0.31	0.99	—
9	o-Cymene	伞花烃	—	0.33	0.17	—
10	Eucalyptol	桉叶油素	0.46	19.44	57.78	—
11	gamma-Terpinene	γ - 松油烯	—	0.78	1.65	—
12	*trans*-Linalool oxide	反式 - 芳樟醇氧化物	—	0.29	0.26	0.05
13	*cis*-Linaloloxide	顺式 - 芳樟醇化合物	0.03	0.45	0.57	0.02
14	Linalool	芳樟醇	96.46	49.87	3.34	1.87
15	*cis*-beta-Terpineol	顺式-β-萜品醇	—	0.08	0.20	0.05
16	1,3,8-p-Menthatriene	1,3,8- 对薄荷三烯	—	—	0.20	0.06
17	2,5-dimethyl-1，6-Octadiene	2,5- 二甲基 -1，6-辛二烯	—	—	0.15	0.10
18	Pinocarveol	松香芹醇	—	0.21	—	—
19	*trans*-Epoxylinalol	反式-氧化芳樟醇	—	0.80	0.98	0.36
20	Borneol	龙脑	0.05	0.86	0.30	0.34
21	4-Terpineol	4- 萜品醇	—	4.72	4.40	1.33
22	L-alpha-Terpineol	L- α-萜品醇	0.15	12.38	13.95	6.21
23	menthol	薄荷醇	—	0.12	0.07	0.05
24	beta-Citronellol	β-香茅醇	—	0.16	0.18	0.12
25	beta-Citral	β-柠檬醛	—	—	—	0.08
26	Geraniol	香叶醇	0.05	0.16	0.06	0.10
27	Borneol acetate	乙酸龙脑酯	—	0.06	—	—
28	Safrole	黄樟油素	—	0.07	0.01	82.22
29	Verbenyl ethyl ether	马鞭基乙醚	—	0.12	—	0.86
30	*cis*-Verbenol	顺式-马鞭草醇	0.05	—	—	—
31	Methyleugenol	甲基丁香酚	—	0.10	0.05	0.18
32	Cadinene	荜澄茄烯	1.41	0.53	—	0.10
33	alpha-caryophyllene	α-石竹烯	—	0.35	—	—
34	Germacrene D	大根香叶烯 D	0.17	0.07	—	—

（续）

编号	化学成分名称	中文名	相对含量			
			叶	枝	干	根
35	alpha–Guaiene	α–愈创木烯	—	0.10	—	—
36	beta–Chamigrene	β–花柏烯	—	0.07	—	—
37	beta–Bisabolene	β–红没药烯	—	—	0.06	0.21
38	Guaia–1（10），4–diene	愈创木 –1（10），4–二烯	—	0.18	0.08	0.08
39	*trans*–Nerolidol	反式–橙花叔醇	0.23	0.21	—	0.06
40	Caryophyllene oxide	氧化石竹烯	0.07	0.69	0.08	0.17
41	Guaiol	愈创木醇	—	0.06	—	—
42	2–Methyl–2–but acid isoborneol ester	2–甲基 –2–丁酸异龙脑酯	—	0.56	0.47	2.05
43	Humulene epoxide	草烯环氧化物	—	0.26	—	0.09
44	Selina–6–en–4–ol	6–芹子烯–4 醇	—	0.16	0.08	—
45	gama–eudesmol	γ–桉叶醇	—	0.10	—	0.10
46	Cadinol	杜松醇	—	0.15	0.07	0.09
47	alpha–eudesmol	α–桉叶醇	—	0.12	—	0.15
48	Bisabolene epoxide	环氧红没药烯	—	0.23	0.14	0.09
49	*trans*–beta–Ionone	反式–β–紫罗兰酮	—	0.29	—	—
50	Farnesol	金合欢醇	—	0.11	—	0.08
51	*trans*–Dihydrocarvyl acetat	反式–二羟基缩醛	—	—	—	0.10
合计（种）			12	44	33	32

注：“—”表示未检测到。

3.1.2.3 15 年生黄樟不同部位精油研究

（1）15 年生黄樟不同部位精油含量

15 年生黄樟叶、枝、干、根精油含量见表 3–5。由表可知，15 年生黄樟叶、枝、干、根四个部位精油含量均值为 0.61%，各部位精油含量高低顺序为叶 > 根 > 干 > 枝，不同部位精油含量差异显著。叶精油含量显著高于枝、干和根精油含量，分别为枝、干、根精油含量的 10.1 倍、6.3 倍和 4.4 倍；根精油含量显著高于枝和干精油含量，分别比枝和干精油含量高 135.7% 和 43.5%；干精油含量显著高于枝精油含量，比枝精油含量高 64.3%。

表 3–5　15 年生黄樟不同部位精油含量测定值

部位	叶	枝	干	根	平均
精油含量（%）	1.46 ± 0.04[a]	0.14 ± 0.01[d]	0.23 ± 0.05[c]	0.33 ± 0.04[b]	0.61

注：表中同行不同字母表示处理间差异显著（$P < 0.05$）。

（2）15 年生黄樟不同部位精油成分及其含量

15 年生黄樟叶、枝、干、根四个部位精油成分检测的总离子流图见图 3–9~图 3–12。经检索、解析和文献查对，从四个部位中共鉴定了 73 种化学成分，其中从叶、枝、干、根中分别鉴定了 46、56、39 和 37 种化学成分（表 3–6）。本研究采用的 15 年生芳樟醇型黄樟叶精油主要化学成分为芳樟醇（96.13%），枝精油主要化学成分为芳樟醇（46.26%）、氧化石竹烯（6.49%）、β–石竹烯（4.83%）和 4–萜品醇（4.28%），干精油主要化学成分为芳樟醇（72.58%）和 4–萜品醇（13.45%），根精油主要化学成分为桉叶油素（38.57%）、黄樟油素（25.91%）和 L– α–萜品醇（14.43%）。

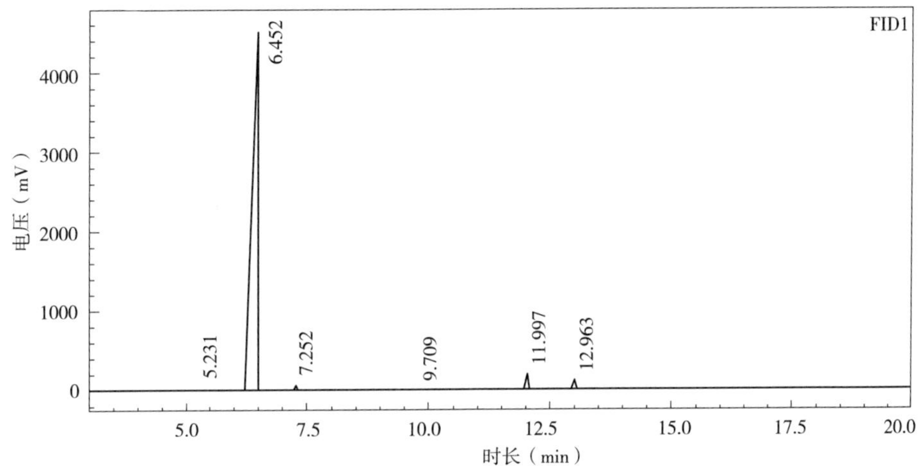

图 3–9　15 年生黄樟叶精油总离子流

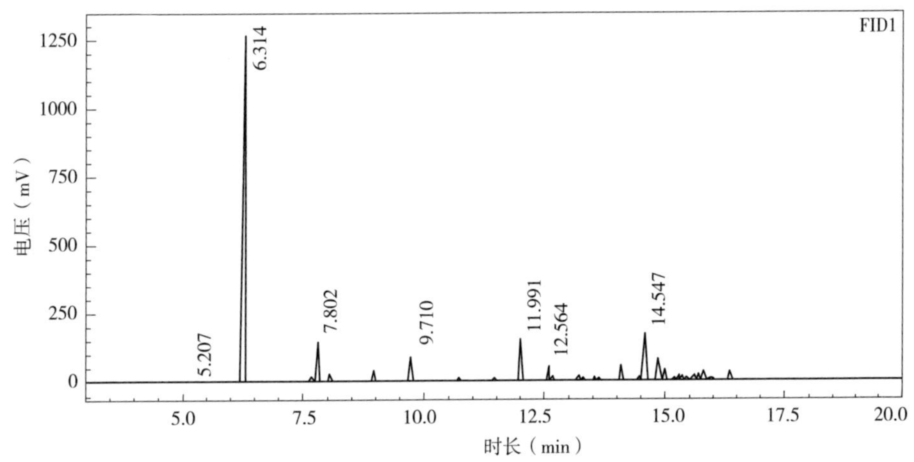

图 3–10　15 年生黄樟枝精油总离子流

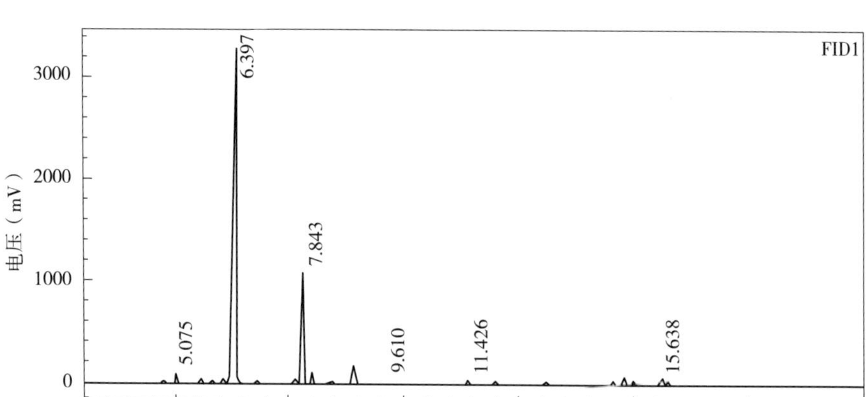

图 3-11　15 年生黄樟干精油总离子流

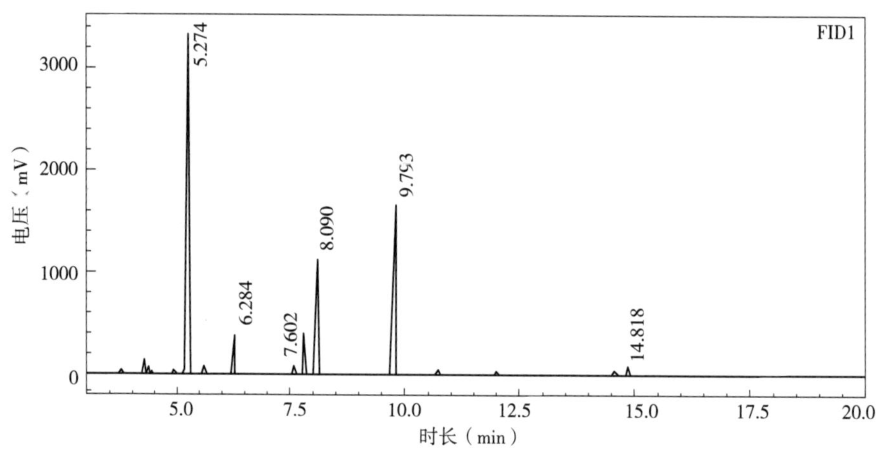

图 3-12　15 年生黄樟根精油总离子流

表 3-6　15 年生黄樟不同部位精油成分及其含量　%

编号	化学成分名	中文名	相对含量			
			叶	枝	干	根
1	alpha-Pinene	α-蒎烯	—	—	0.06	0.34
2	Camphene	莰烯	0.00	—	—	0.05
3	beta-Phellandrene	β-水芹烯	—	—	0.05	1.53
4	beta-Pinene	β-蒎烯	—	—	—	0.58
5	Myrcene	月桂烯	0.02	—	0.09	0.40
6	alpha-Phellandrene	α-水芹烯	—	—	0.26	0.05
7	alpha-Terpinen	α-萜品烯	—	—	0.14	0.46

（续）

编号	化学成分名	中文名	相对含量			
			叶	枝	干	根
8	o–Cymene	伞花烃	—	—	1.02	0.12
9	D–Limonene	D–柠檬烯	0.05	—	0.15	—
10	Eucalyptol	桉叶油素	0.06	0.06	0.08	38.57
11	gamma–Terpinene	γ–松油烯	0.02	—	0.35	0.92
12	*trans*–Linalool oxide	反式–芳樟醇氧化物	0.05	0.12	0.26	0.18
13	*cis*–Linaloloxide	顺式–芳樟醇化合物	0.05	0.15	0.45	0.30
14	Linalool	芳樟醇	96.13	46.26	72.58	3.74
15	1,3,8–p–Menthatriene	1,3,8–对薄荷三烯	0.00	0.15	0.17	—
16	Pinocarveol	松香芹醇	—	—	0.14	—
17	beta–Citronellal	β–香茅醛	—	0.13	0.05	0.10
18	Camphor	樟脑	0.25	—	—	—
19	*trans*–Epoxylinalol	反式 – 氧化芳樟醇	0.01	—	—	1.05
20	Borneol	龙脑	0.04	0.69	0.41	0.28
21	4–Terpineol	4–萜品醇	0.01	4.28	13.45	4.33
22	L–alpha–Terpineol	L–α–萜品醇	0.09	0.99	0.98	14.43
23	menthol	薄荷醇	—	0.10	0.09	0.08
24	beta–Citronellol	β–香茅醇	0.03	0.26	0.19	0.23
25	beta–Citral	β–柠檬醛	0.05	0.06	—	—
26	Geraniol	香叶醇	0.06	1.37	1.68	0.20
27	menthone	薄荷酮	0.02	—	—	0.08
28	Borneol acetate	乙酸龙脑酯	—	0.17	0.10	0.06
29	Safrole	黄樟油素	0.08	2.65	—	25.91
30	Carvacrol	香芹酚	—	0.07	0.09	—
31	alpha–Cyclogeraniol	α–环香叶醇	—	0.06	—	0.05
32	Verbenyl ethyl ether	马鞭基乙醚	0.03	0.32	0.06	0.36
33	Epoxylinalol	环氧芳樟醇	0.02	0.10	—	—
34	*cis*–Verbenol	顺式–马鞭草醇	0.15	0.27	0.28	—
35	Methyleugenol	甲基丁香酚	—	—	—	0.06
36	Cadinene	荜澄茄烯	0.05	—	0.20	0.30
37	beta–Caryophyllene	β–石竹烯	0.61	4.83	—	—

（续）

编号	化学成分名	中文名	相对含量			
			叶	枝	干	根
38	alpha-Bergamotene	α-佛手碱	0.06	0.07	—	—
39	alpha-Gurjunene	α-古芸烯	0.01	0.14	—	—
40	alpha-Caryophyllene	α-石竹烯	0.14	1.63	0.07	0.07
41	Alloaromadendrene	别香橙烯	0.09	0.54	—	—
42	Germacrene D	大根香叶烯 D	0.14	0.28	0.18	—
43	Methylisoeugenol	甲基异丁香酚	—	0.11	0.33	—
44	alpha-Guaiene	α-愈创木烯	0.06	0.35	—	—
45	beta-Chamigrene	β - 花柏烯	0.15	0.89	0.23	—
46	beta-Bisabolene	β - 红没药烯	0.02	0.53	—	0.10
47	Elemol	榄香醇	0.17	0.11	0.05	—
48	*trans*-Nerolidol	反式-橙花叔醇	0.21	2.16	0.11	—
49	beta-Vatirenene	β-梵蒂烯	—	0.19	—	—
50	Spathulenol	油烯醇	0.06	0.73	—	—
51	Caryophyllene oxide	氧化石竹烯	0.15	6.49	0.30	0.48
52	Guaiol	愈创木醇	0.02	0.17	0.06	—
53	Humulene epoxide	草烯环氧化物	0.05	1.37	—	0.07
54	Selina-6-en-4-ol	6-芹子烯 -4 醇	0.04	0.79	0.12	—
55	gama-eudesmol	γ-桉叶醇	0.10	0.85	0.12	—
56	Cadinol	杜松醇	0.12	0.64	0.15	0.13
57	alpha-eudesmol	α-桉叶醇	0.15	0.87	—	0.24
58	Bisabolene epoxide	环氧红没药烯	—	1.09	0.93	—
59	*trans*-beta-Ionone	反式 - β-紫罗兰酮	0.06	2.38	0.47	0.14
60	Aristolone	马兜铃酮	0.03	0.82	—	—
61	4-epoxy-Alantolactone	4-环氧丙内酯	—	1.43	—	—
62	Farnesol	金合欢醇	0.15	—	0.17	0.29
63	Widdrol	韦得醇	—	0.28	—	—
64	alpha-Bisabolene epoxide	α-环氧红没药烯	0.02	0.08	—	—
65	7-Hydroxyfarnesene	7-羟基法尼烯	—	0.10	—	—
66	alpha-Eudesmol	α-桉叶醇	—	0.06	—	—
67	Isolongifolen-5-one	异长叶烷酮	—	0.07	—	—
68	Terpinyl formate	甲酸萜品酯	—	0.05	—	—
69	Nerolidyl propionate	丙酸橙花酯	—	0.06	—	—
70	beta-Eudesmol	β-桉叶醇	—	0.29	—	—

（续）

编号	化学成分名	中文名	相对含量			
			叶	枝	干	根
71	Longifolenaldehyde	长叶醛	—	0.07	—	—
72	Terpinyl isobutyrate	异丁酸松油酯	—	1.93	—	—
73	*trans*–Dihydrocarvyl acetat	反式 - 二羟基缩醛	—	0.26	—	0.08
合计（种）			46	56	39	37

注：“—”表示未检测到。

3.1.2.4　30 年生黄樟不同部位精油研究

（1）30 年生黄樟不同部位精油含量

30 年生黄樟叶、枝、干、根精油含量见表 3–7。由表可知，30 年生黄樟叶、枝、干、根四个部位精油含量均值为 0.66%，各部位精油含量高低顺序为叶 > 根 > 干 > 枝，不同部位精油含量差异显著。叶精油含量显著高于枝、干和根精油含量，分别为枝、干、根精油含量的 9.1 倍、6.0 倍和 2.3 倍；根精油含量显著高于枝和干精油含量，分别是枝精油含量和干精油含量的 3.9 倍和 2.6 倍；枝和干精油含量无显著差异。

表 3–7　30 年生黄樟不同部位精油含量测定值

部位	叶	枝	干	根	平均
精油含量（%）	1.55 ± 0.05^{a}	0.17 ± 0.07^{c}	0.26 ± 0.04^{c}	0.67 ± 0.11^{b}	0.66

注：表中同行不同字母表示处理间差异显著（$P < 0.05$）。

（2）30 年生黄樟不同部位精油成分及其含量

30 年生黄樟叶、枝、干、根四个部位精油成分检测的总离子流图见图 3–13~ 图 3–16。经检索、解析和文献查对，从四个部位中共鉴定了 55 种化学成分，其中从叶、枝、干、根中分别鉴定了 14、48、45 和 40 种化学成分（表 3–8）。本研究采用的 30 年生芳樟醇型黄樟叶精油主要化学成分为芳樟醇（96.88%），枝精油主要化学成分为 4–萜品醇（41.52%）、芳樟醇（21.79%）和 L–α –萜品醇（5.30%），干精油主要化学成分为 4– 萜品醇（43.94%）、芳樟醇（18.86%）、桉叶油素（5.95%）和 L–α –萜品醇（5.13%），根精油主要化学成分为黄樟油素（44.74%）、桉叶油素（14.15%）、4–萜品醇（13.31%）、芳樟醇（7.92%）和 L–α –萜品醇（6.90%）。

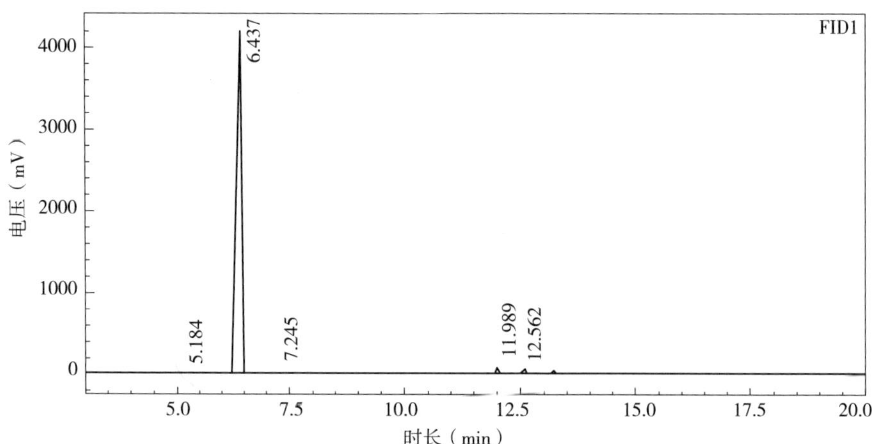

图 3-13　30 年生黄樟叶精油总离子流

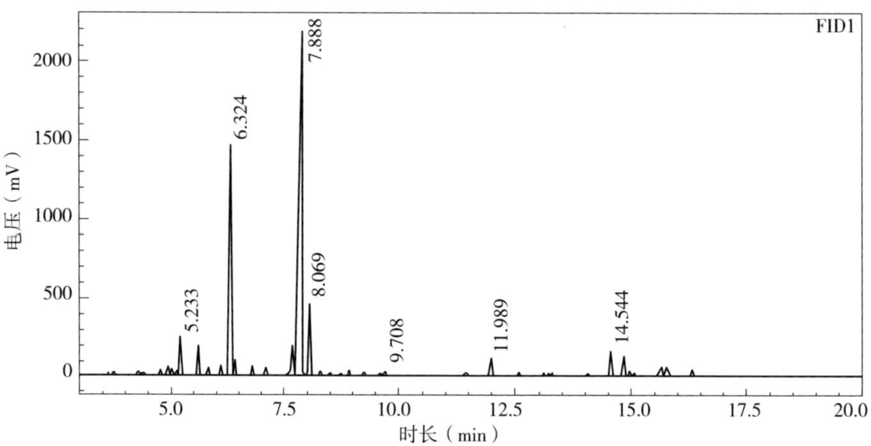

图 3-14　30 年生黄樟枝精油总离子流

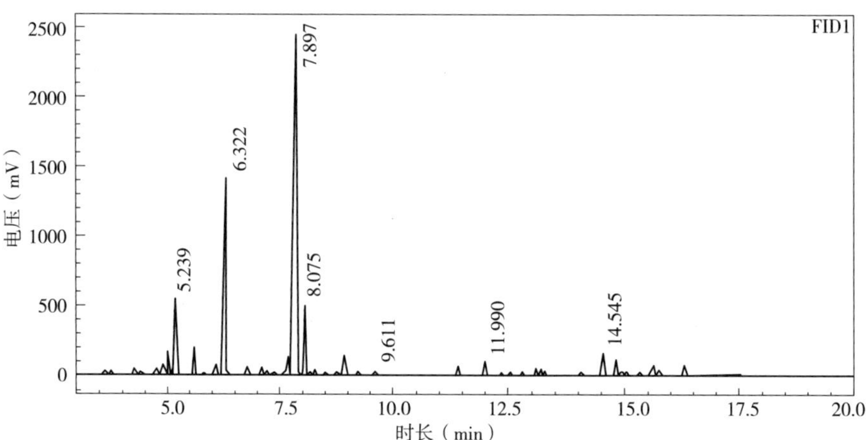

图 3-15　30 年生黄樟干精油总离子流

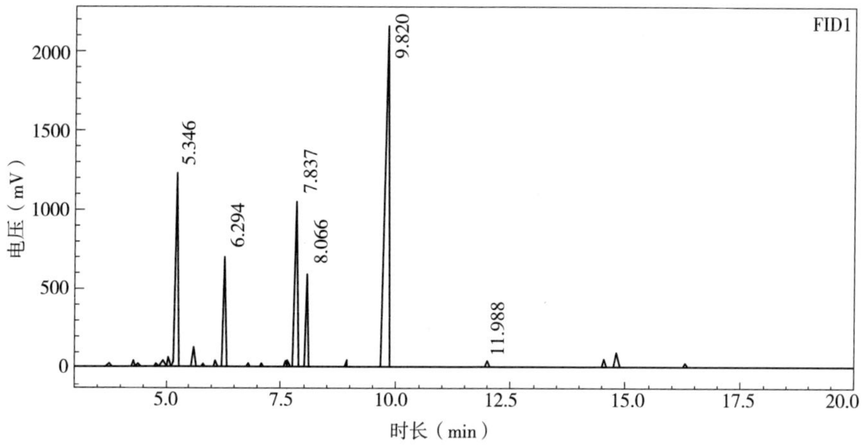

图 3-16 30 年生黄樟根精油总离子流

表 3-8 30 年生黄樟不同部位精油成分及其含量 %

编号	化学成分名	中文名	相对含量			
			叶	枝	干	根
1	3-Thujene	3-侧柏烯	—	0.10	0.13	0.06
2	alpha-Pinene	α-蒎烯	—	0.27	0.38	0.22
3	Camphene	莰烯	—	—	0.05	—
4	beta-Phellandrene	β-水芹烯	—	0.32	0.40	0.50
5	beta-Pinene	β-蒎烯	—	0.16	0.19	0.19
6	Myrcene	月桂烯	—	0.19	0.23	0.20
7	alpha-Phellandrene	α-水芹烯	—	0.55	0.47	0.34
8	alpha-Terpinen	α-萜品烯	—	0.77	0.78	0.58
9	o-Cymene	伞花烃	—	0.59	1.84	0.75
10	D-Limonene	D-柠檬烯	0.09	0.28	0.28	—
11	Eucalyptol	桉叶油素	—	3.02	5.95	14.15
12	gamma-Terpinene	γ-松油烯	—	2.17	2.17	1.36
13	*trans*-Linalool oxide	反式-芳樟醇氧化物	—	0.59	0.17	0.17
14	*cis*-Linalol oxide	顺式-芳樟醇化合物	—	0.83	0.80	0.51
15	Linalool	芳樟醇	96.88	21.79	18.86	7.92
16	*cis*-beta-Terpineol	顺式-β-萜品醇	—	0.87	—	0.12
17	1,3,8-p-Menthatriene	1,3,8-对薄荷三烯	—	0.77	0.65	0.31
18	Pinocarveol	松香芹醇	—	0.66	0.55	—
19	beta-Citronellal	β-香茅醛	0.28	0.09	0.20	—
20	Verbenol	马鞭草烯醇	—	0.12	0.10	0.13

（续）

编号	化学成分名	中文名	相对含量			
			叶	枝	干	根
21	*trans*-Epoxylinalol	反式－氧化芳樟醇	—	3.21	—	0.46
22	Borneol	龙脑	—	—	2.01	0.48
23	4-Terpineol	4- 萜品醇	—	41.52	43.94	13.31
24	L-alpha-Terpineol	L- α- 萜品醇	0.06	5.30	5.13	6.90
25	Menthol	薄荷醇	—	0.40	0.33	0.15
26	beta-Citronellol	β- 香茅醇	—	0.18	0.17	0.14
27	beta-Citral	β- 柠檬醛	—	—	0.10	—
28	Geraniol	香叶醇	—	0.45	1.35	0.56
29	Borneol acetate	乙酸龙脑酯	—	0.29	0.20	0.10
30	Safrole	黄樟油素	—	0.31	0.14	44.74
31	Verbenyl ethyl ether	马鞭基乙醚	—	0.12	—	0.14
32	Methyleugenol	甲基丁香酚	—	0.28	0.53	—
33	Cadinene	荜澄茄烯	0.75	1.25	1.00	0.50
34	alpha-caryophyllene	α- 石竹烯	0.42	0.26	0.13	0.07
35	Alloaromadendrene	别香橙烯	0.05	—	—	—
36	Germacrene D	大根香叶烯 D	—	0.05	—	—
37	Methylisoeugenol	甲基异丁香酚	0.08	0.28	0.55	0.08
38	alpha-Guaiene	α- 愈创木烯	—	—	—	—
39	beta-Chamigrene	β- 花柏烯	0.39	0.27	0.49	0.06
40	beta-Bisabolene	β- 红没药烯	—	—	0.21	—
41	Guaia-1（10），4-diene	愈创木 -1（10），4- 二烯	—	0.07	—	0.06
42	Elemol	榄香醇	—	0.05	—	—
43	*trans*-Nerolidol	反式 - 橙花叔醇	0.09	0.25	0.24	0.08
44	Spathulenol	油烯醇	0.15	0.10	—	—
45	Caryophyllene oxide	氧化石竹烯	0.11	2.03	1.73	0.63
46	Guaiol	愈创木醇	—	0.15	0.05	—
47	2-Methyl-2-but acid isoborneol ester	2- 甲基 -2- 丁酸异龙脑酯	—	1.52	1.19	1.01
48	Humulene epoxide	草烯环氧化物	—	0.45	0.28	0.09
49	Selina-6-en-4-ol	6- 芹子烯 -4 醇	—	0.10	0.06	—
50	gama-Eudesmol	γ- 桉叶醇	0.05	0.19	0.10	0.06
51	Cadinol	杜松醇	—	0.07	0.26	0.06
52	alpha-Eudesmol	α- 桉叶醇	—	1.03	—	0.12

（续）

编号	化学成分名	中文名	相对含量			
			叶	枝	干	根
53	Bisabolene epoxide	环氧红没药烯	0.06	—	1.00	0.13
54	*trans*-beta-Ionone	反式-β-紫罗兰酮	—	1.25	0.61	—
55	Farnesol	金合欢醇	—	0.57	0.82	0.33
合计（种）			14	48	45	40

注:“—”表示未检测到。

3.1.2.5 不同林龄黄樟不同部位精油变化研究

（1）不同林龄黄樟不同部位精油含量

对不同林龄（3年生、5年生、15年生、30年生）不同部位（叶、枝、干、根）精油含量进行测定分析，结果见表3-9。由表可知，随着林龄的增大，黄樟叶、枝、干、根精油含量均呈上升趋势。30年生和15年生黄樟叶精油含量无显著差异，但均显著高于3年生和5年生叶精油含量，30年生和15年生叶精油含量比3年生叶精油含量分别高27.1%和18.3%。3年生、5年生、15年生和30年生黄樟枝精油含量无显著差异，不同林龄枝精油含量均较低。30年生、15年生和5年生黄樟干精油含量无显著差异，但均显著高于3年生干精油含量，分别比3年生干精油含量高100.0%、76.9%和100.0%。30年生黄樟根精油含量显著高于15年生、5年生和3年生根精油含量，分别比15年生、5年生和3年生根精油含量高103.0%、139.3%和131.0%。15年生、5年生和3年生根精油含量无显著差异。

表3-9 不同林龄不同部位黄樟精油含量 %

林龄	叶精油含量	枝精油含量	干精油含量	根精油含量
3年生	1.22 ± 0.09^{b}	0.10 ± 0.01^{a}	0.13 ± 0.02^{b}	0.29 ± 0.03^{b}
5年生	1.31 ± 0.09^{b}	0.12 ± 0.02^{a}	0.26 ± 0.04^{a}	0.28 ± 0.04^{b}
15年生	1.46 ± 0.04^{a}	0.14 ± 0.01^{a}	0.23 ± 0.05^{a}	0.33 ± 0.04^{b}
30年生	1.55 ± 0.05^{a}	0.17 ± 0.07^{a}	0.26 ± 0.04^{a}	0.67 ± 0.11^{a}

注：表中同列不同字母表示处理间差异显著（$P < 0.05$）。

黄樟不同部位精油含量相关分析结果见表3-10，黄樟叶精油含量与干精油含量呈显著正相关，与根精油含量呈极显著正相关，与枝精油含量无显著相关关系。枝精油含量与根呈显著正相关，但与其他部位精油含量无显著相关关系。

干精油含量与根精油含量无显著相关关系。由此可见，根据黄樟叶精油含量水平高低从一定程度上可推测干和根精油含量水平，今后良种选育过程中，可重点考虑叶精油含量指标，选育叶精油含量高的品系即可实现各部位高价值综合开发利用的目标。

表 3–10　不同部位精油含量相关分析

部位	叶精油含量	枝精油含量	干精油含量	根精油含量
叶精油含量	1.000	0.333	0.512*	0.698**
枝精油含量	0.333	1.000	0.270	0.581*
干精油含量	0.512*	0.270	1.000	0.288
根精油含量	0.698**	0.581*	0.288	1.000

注：* 表示显著相关（$P < 0.05$），** 表示极显著相关（$P < 0.01$）。

（2）不同林龄黄樟不同部位精油主要化学成分

不同林龄黄樟叶、枝、干、根精油主要化学成分见表 3–11。芳樟醇型黄樟叶、枝、干、根主要化学成分包含桉叶油素、芳樟醇、4– 萜品醇、黄樟油素等。不同林龄芳樟醇型黄樟叶精油主要化学成分均为芳樟醇，3 年生、5 年生、15 年生、30 年生黄樟叶精油中芳樟醇的变化不大，分别为 94.18%、96.46%、96.13% 和 96.88%。

不同林龄芳樟醇型黄樟枝精油主要化学成分变化较大，随着林龄的增大，枝精油中芳樟醇含量呈下降趋势。3 年生枝精油主要成分为芳樟醇（80.91%）和 4– 萜品醇（4.72%），5 年生枝精油主要成分为芳樟醇（49.87%）、桉叶油素（19.44%）和 4– 萜品醇（5.57%），15 年生枝精油主要成分为芳樟醇（46.26%）和 4– 萜品醇（4.28%），30 年生枝精油主要成分为 4– 萜品醇（41.52%）、芳樟醇（21.79%）和桉叶油素（3.02%）。

不同林龄芳樟醇型黄樟干精油主要化学成分变化也较大，随着林龄的增大，3 年生干精油主要成分为桉叶油素（44.43%）、芳樟醇（19.64%）和 4– 萜品醇（4.80%），5 年生干精油主要成分为桉叶油素（57.78%）、4– 萜品醇（4.40%）和芳樟醇（3.34%），15 年生干精油主要成分为芳樟醇（72.58%）和 4– 萜品醇（13.45%），30 年生干精油主要成分为 4– 萜品醇（43.94%）、芳樟醇（18.86%）和桉叶油素（5.95%）。

表 3-11　不同林龄不同部位精油主要化学成分　%

林龄	化学成分	叶	枝	干	根
3 年生	桉叶油素	—	—	44.43	4.56
	芳樟醇	94.18	80.91	19.64	4.20
	4-萜品醇	—	5.57	4.80	1.92
	黄樟油素	—	—	—	74.35
5 年生	桉叶油素	0.46	19.44	57.78	—
	芳樟醇	96.46	49.87	3.34	1.87
	4-萜品醇	—	4.72	4.40	1.33
	黄樟油素	—	—	—	82.22
15 年生	桉叶油素	—	—	—	38.57
	芳樟醇	96.13	46.26	72.58	3.74
	4- 萜品醇	—	4.28	13.45	4.33
	黄樟油素	—	—	—	25.91
30 年生	桉叶油素	—	3.02	5.95	14.15
	芳樟醇	96.88	21.79	18.86	7.92
	4- 萜品醇	—	41.52	43.94	13.31
	黄樟油素	—	—	—	44.74

注:“—”表示未检测到。

不同林龄芳樟醇型黄樟根精油主要化学成分均以黄樟油素为主，3 年生根精油主要成分为黄樟油素（74.35%）、桉叶油素（4.56%）、芳樟醇（4.20%）和 4-萜品醇（1.92%），5 年生根精油主要成分为黄樟油素（82.22%）、芳樟醇（1.87%）和 4-萜品醇（1.33%），15 年生根精油主要成分为桉叶油素（38.57%）、黄樟油素（25.91%）、4-萜品醇（4.33%）和芳樟醇（3.74%），30 年生根精油主要成分为黄樟油素（44.74%）、桉叶油素（14.15%）、4- 萜品醇（13.31%）和芳樟醇（7.92%）。

3.1.3　结论与讨论

本章以 3 年生、5 年生、15 年生和 30 年生芳樟醇型黄樟为研究材料，对不同林龄黄樟不同部位的精油含量及成分进行测定分析。研究结果表明，不同林龄黄樟叶、枝、干、根的精油含量存在显著差异，不同林龄黄樟不同部位精油含量高低顺序均为叶 > 根 > 干 > 枝，叶精油含量均显著高于其他部位精油含量，这一特性使黄樟适宜开展矮林作业，重点提高叶生物量来提升黄樟香料种植产业收益。再者，随着林龄的增大，黄樟叶、枝、干、根精油含量都呈现上升的趋势，30 年生和 15 年生叶精油含量比 3 年生叶精油含量分别高 27.1% 和 18.3%。可见，黄樟作为南方重要的天然植物精油生产原料树种，具有长期利用的潜力，黄樟香料林种植后高产高质生产利用时间可达 30 年以上。另外，各个林龄的黄樟根精油含量水平均较高，尤其林龄 30 年后，根精油含量水平将近达到叶精油水平的一半，可见黄樟香料林根精油也可成为整个经营周期末期的额外可观收益。研究还表明，黄樟叶精油含量与干精油含量呈显著正相关，与根精油含量呈极显著正相关。可见，今后在黄樟良种选育和香料林经营过程中，可根据叶精油含量表现来预测干和根精油后期产量和收益潜力，在良种选育中，可重点从叶精油出发来评价品系的精油产量和精油开发利用潜力。

本章对不同林龄芳樟醇型黄樟不同部位精油的主要化学成分进行研究，从黄樟叶、枝、干、根中检测到多种化学成分，主要包括桉叶油素、芳樟醇、4-萜品醇、黄樟油素等。不同林龄芳樟醇型黄樟叶精油均以芳樟醇为主，芳樟醇含量达 94.18% 以上。不同林龄芳樟醇型黄樟枝精油化学成分处于一直变化的状态，低龄芳樟醇型黄樟枝中芳樟醇含量较高，随着林龄的增大，枝中芳樟醇的含量下降，4-萜品醇含量有所上升。干精油成分以桉叶油素、芳樟醇和 4-萜品醇为主。根精油以黄樟油素为主，低龄黄樟（3 年生、5 年生）根中黄樟油素成分含量较高，黄樟油素含量可达 80% 以上，随着林龄的增大，黄樟根中精油主要化学成分趋于多样化，以黄樟油素、桉叶油素、4-萜品醇、芳樟醇为主，可实现多种精油开发利用。

本章中对不同林龄黄樟不同部位精油的研究材料仅选用了芳樟醇型，今后仍需对多种化学型不同林龄不同部位的精油含量及化学成分开展深入研究，以利于更精准地解析林龄、部位对精油含量及成分的影响规律，为黄樟香料林良种选育和生产经营提供理论依据。

3.2　不同化学型黄樟不同部位精油研究

3.2.1　试验材料与方法

3.2.1.1　试验材料

试验材料于 2022 年 3 月采自江西省南昌市经开区（N28°44′42″,

E115°48′46″），分别采集5年生芳樟醇型、柠檬醛型和桉叶油素型黄樟，各化学型随机选择3株样株，分别采取叶、枝、干、根样品至实验室提取新鲜样品精油，并测定各样品精油化学成分。

3.2.1.2 试验方法

（1）叶精油提取和化学成分鉴定

叶精油提取方法和化学成分鉴定方法同2.2.1.2。

（2）数据分析与应用软件

运用SPSS22.0软件进行方差分析和Duncan多重比较。

样品精油含量计算公式：样品精油含量（mg/g）= 样品精油质量（mg）/ 样品鲜质量（g）

或：样品精油含量（%）= 样品精油质量（g）/ 样品鲜质量（g）×100

3.2.2 结果与分析

3.2.2.1 不同化学型黄樟不同部位精油含量

不同化学型黄樟不同部位精油含量见表3–12，由表可知，芳樟醇型黄樟叶、枝、干、根四个部位精油含量均值为0.56%，各部位精油含量高低顺序为叶 > 根 > 干 > 枝，不同部位精油含量差异显著。芳樟醇型黄樟叶精油含量显著高于枝、干和根精油含量，分别为枝、干、根精油含量的10.9倍、5.0倍和4.7倍；干和根精油含量无显著差异，但两者显著高于枝精油含量，分别比枝精油含量高116.7%和133.3%。

桉叶油素型黄樟叶、枝、干、根四个部位精油含量均值为0.84%，各部位精油含量高低顺序为叶 > 根 > 枝 > 干，不同部位精油含量差异显著。桉叶油素型黄樟叶精油含量显著高于枝、干和根精油含量，分别为枝、干、根精油含量的12.1倍、19.5倍和5.2倍；根精油含量显著高于枝和干精油含量，分别是枝和干精油含量的2.33倍和3.8倍。枝精油含量显著高于干精油含量，比干精油含量高61.5%。

柠檬醛型黄樟叶、枝、干、根四个部位精油含量均值为0.38%，各部位精油含量高低顺序为叶 > 根 > 枝 = 干，不同部位精油含量差异显著。柠檬醛型黄樟叶精油含量显著高于枝、干和根精油含量，分别为枝、干、根精油含量的7.4倍、7.4倍和2.2倍；根精油含量显著高于枝和干精油含量，分别是枝和干精油含量的 3.4 倍和 3.4 倍。

叶、枝、干、根各部位精油含量在 3 种化学型间均存在显著差异。3 种化学型黄樟叶、枝和根精油含量均以桉叶油素最高，干精油以芳樟醇型最高。

表 3–12　不同化学型黄樟不同部位精油含量　%

部位	叶精油含量	枝精油含量	干精油含量	根精油含量	平均
芳樟醇型	1.31 ± 0.09^{Ab}	0.12 ± 0.02^{Cb}	0.26 ± 0.04^{Ba}	0.28 ± 0.04^{Bc}	0.56
桉叶油素型	2.53 ± 0.05^{Aa}	0.21 ± 0.01^{Ca}	0.13 ± 0.01^{Db}	0.49 ± 0.03^{Ba}	0.84
柠檬醛型	0.89 ± 0.03^{Ac}	0.12 ± 0.01^{Cb}	0.12 ± 0.02^{Cb}	0.41 ± 0.02^{Bb}	0.38

注：表中同行不同大写字母表示处理间差异显著，表中同列不同小写字母表示处理间差异显著（$P < 0.05$）。

3.2.2.2　不同化学型黄樟不同部位精油成分及其含量

（1）芳樟醇型黄樟不同部位精油成分及其含量

芳樟醇型黄樟叶、枝、干、根四个部位精油成分检测的总离子流图见图 3–17~ 图 3–20。经检索、解析和文献查对，从四个部位精油中共鉴定了 51 种化学成分，其中从叶、枝、干、根中分别鉴定了 12、44、33 和 32 种化学成分（表 3–13）。本研究采用的 5 年生芳樟醇型黄樟叶精油主要化学成分为芳樟醇（96.46%），枝精油主要化学成分为芳樟醇（49.87%）、桉叶油素（19.44%）、L–α–萜品醇（12.38%）和 4–萜品醇（4.72%），干精油主要化学成分为桉叶油素（57.78%）、L–α–萜品醇（13.95%）、β–水芹烯（5.73%）、4–萜品醇（4.40%）和芳樟醇（3.34%），根精油主要化学成分为黄樟油素（82.22%）和 L–α–萜品醇（6.21%）。

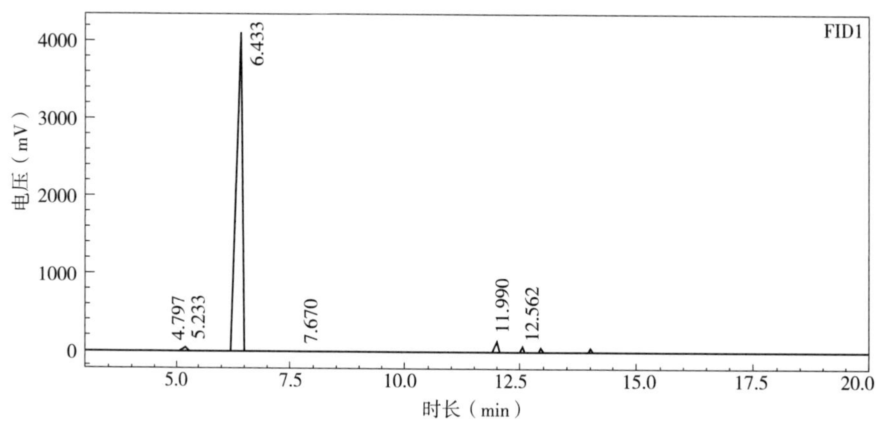

图 3–17　芳樟醇型黄樟叶精油总离子流

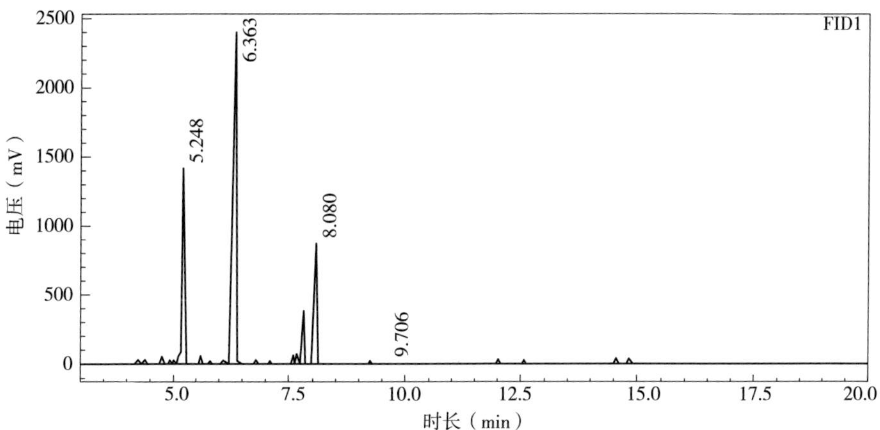

图 3-18　芳樟醇型黄樟枝精油总离子流

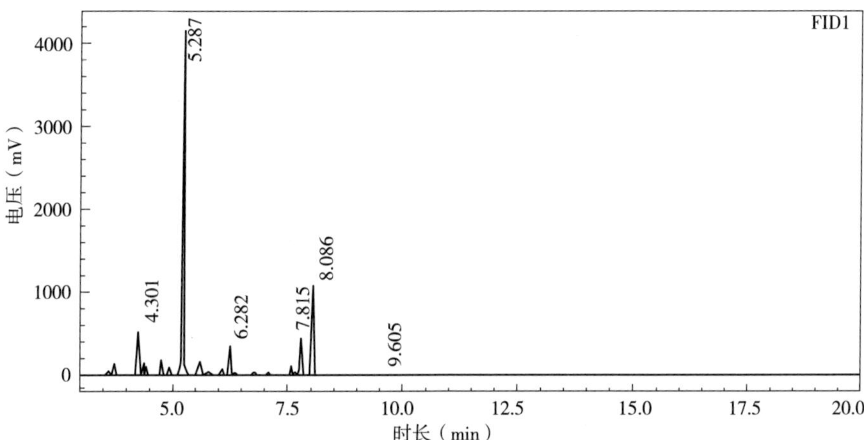

图 3-19　芳樟醇型黄樟干精油总离子流

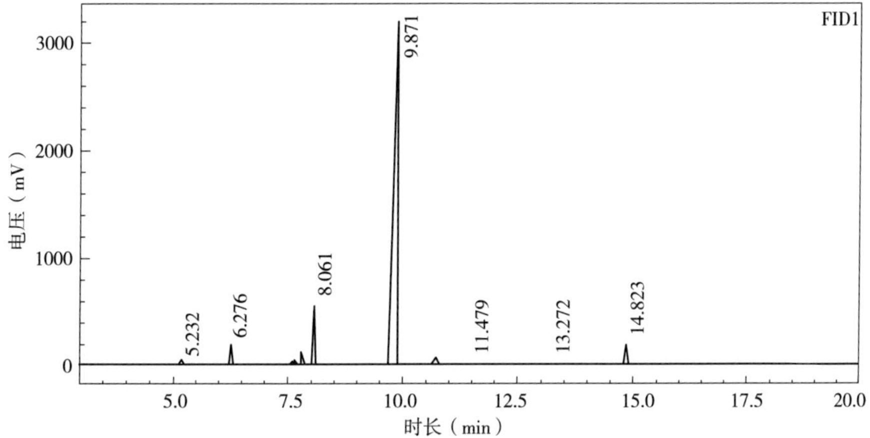

图 3-20　芳樟醇型黄樟根精油总离子流

表 3-13　芳樟醇型黄樟不同部位精油成分及其含量　%

编号	化学成分名称	中文名	相对含量			
			叶	枝	干	根
1	3-Thujene	3-侧柏烯	—	0.02	0.30	—
2	alpha-Pinene	α-蒎烯	—	0.16	1.45	—
3	Camphene	莰烯	—	—	0.13	—
4	beta-Phellandrene	β-水芹烯	—	0.45	5.73	0.44
5	beta-Pinene	β-蒎烯	0.01	0.21	1.36	—
6	Myrcene	月桂烯	—	0.36	1.15	—
7	alpha-Phellandrene	α-水芹烯	—	0.79	2.10	.
8	alpha-Terpinen	α-萜品烯	—	0.31	0.99	—
9	o-Cymene	伞花烃	—	0.33	0.17	—
10	Eucalyptol	桉叶油素	0.46	19.44	57.78	—
11	gamma-Terpinene	γ-松油烯	—	0.78	1.65	—
12	*trans*-Linalool oxide	反式-芳樟醇氧化物	—	0.29	0.26	0.05
13	*cis*-Linaloloxide	顺式-芳樟醇化合物	0.03	0.45	0.57	0.02
14	Linalool	芳樟醇	96.46	49.87	3.34	1.87
15	*cis*-beta-Terpineol	顺式-β-萜品醇	—	0.08	0.20	0.05
16	1,3,8-p-Menthatriene	1,3,8-对薄荷三烯	—	—	0.20	0.06
17	2,5-dimethyl-1,6-Octadiene	2,5-二甲基-1,6-辛二烯	—	—	0.15	0.10
18	Pinocarveol	松香芹醇	—	0.21	—	—
19	*trans*-Epoxylinalol	反式-氧化芳樟醇	—	0.80	0.98	0.36
20	Borneol	龙脑	0.05	0.86	0.30	0.34
21	4-Terpineol	4-萜品醇	—	4.72	4.40	1.33
22	L-alpha-Terpineol	L-α-萜品醇	0.15	12.38	13.95	6.21
23	Menthol	薄荷醇	—	0.12	0.07	0.05
24	beta-Citronellol	β-香茅醇	—	0.16	0.18	0.12
25	beta-Citral	β-柠檬醛	—	—	—	0.08
26	Geraniol	香叶醇	0.05	0.16	0.06	0.10
27	Borneol acetate	乙酸龙脑酯	—	0.06	—	—
28	Safrole	黄樟油素	—	0.07	0.01	82.22
29	Verbenyl ethyl ether	马鞭基乙醚	—	0.12	—	0.86
30	*cis*-Verbenol	顺式-马鞭草醇	0.05	—	—	—
31	Methyleugenol	甲基丁香酚	—	0.10	0.05	0.18
32	Cadinene	荜澄茄烯	1.41	0.53	—	0.10

（续）

编号	化学成分名称	中文名	相对含量			
			叶	枝	干	根
33	alpha-caryophyllene	α-石竹烯	—	0.35	—	—
34	Germacrene D	大根香叶烯 D	0.17	0.07	—	—
35	alpha-Guaiene	α-愈创木烯	—	0.10	—	—
36	beta-Chamigrene	β-花柏烯	—	0.07	—	—
37	beta-Bisabolene	β-红没药烯	—	—	0.06	0.21
38	Guaia-1（10），4-diene	愈创木-1（10），4-二烯	—	0.18	0.08	0.08
39	*trans*-Nerolidol	反式-橙花叔醇	0.23	0.21	—	0.06
40	Caryophyllene oxide	氧化石竹烯	0.07	0.69	0.08	0.17
41	Guaiol	愈创木醇	—	0.06	—	—
42	2-Methyl-2-but acid isoborneol ester	2-甲基-2-丁酸异龙脑酯	—	0.56	0.47	2.05
43	Humulene Epoxide	草烯环氧化物	—	0.26	—	0.09
44	Selina-6-en-4-ol	6-芹子烯-4醇	—	0.16	0.08	—
45	gama-Eudesmol	γ-桉叶醇	—	0.10	—	0.10
46	Cadinol	杜松醇	—	0.15	0.07	0.09
47	alpha-Eudesmol	α-桉叶醇	—	0.12	—	0.15
48	Bisabolene epoxide	环氧红没药烯	—	0.23	0.14	0.09
49	*trans*-beta-Ionone	反式-β-紫罗兰酮	—	0.29	—	—
50	Farnesol	金合欢醇	—	0.11	—	0.08
51	*trans*-Dihydrocarvyl acetat	反式-二羟基缩醛	—	—	—	0.10
合计（种）			12	44	33	32

注："—"表示未检测到。

（2）桉叶油素型黄樟不同部位精油成分及其含量

桉叶油素型黄樟叶、枝、干、根四个部位精油成分检测的总离子流图见图3-21~图3-24。经检索、解析和文献查对，从四个部位精油共鉴定了55种化学成分，其中从叶、枝、干、根中分别鉴定了26、43、45和24种化学成分（表3-14）。本研究采用的5年生桉叶油素型黄樟叶精油主要化学成分为桉叶油素（55.20%）、β-水芹烯（16.52%）和L-α-萜品醇（10.33%），枝精油主要化学成分为桉叶油素（54.81%）、L-α-萜品醇（15.74%）和4-萜品醇（5.93%），干精油主要化学成分为桉叶油素（32.43%）、L-α-萜品醇（24.95%）、4-萜品醇（8.25%）和黄樟油素（5.64%），根精油主要化学成分为黄樟油素（90.75%）。

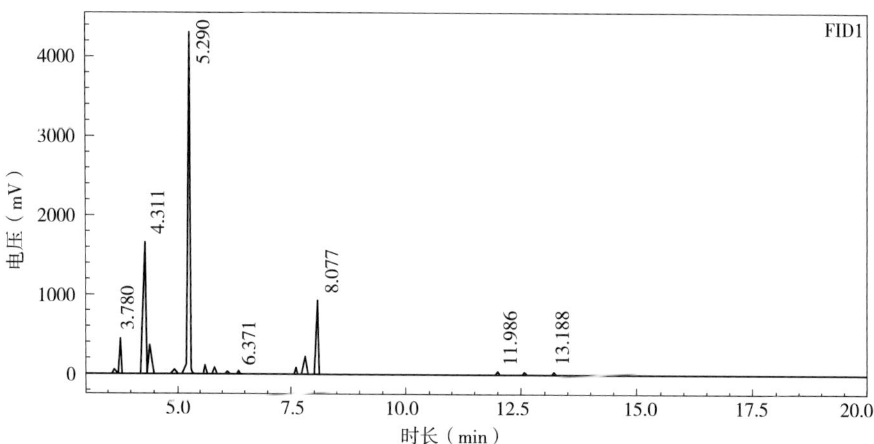

图 3-21　桉叶油素型黄樟叶精油总离子流

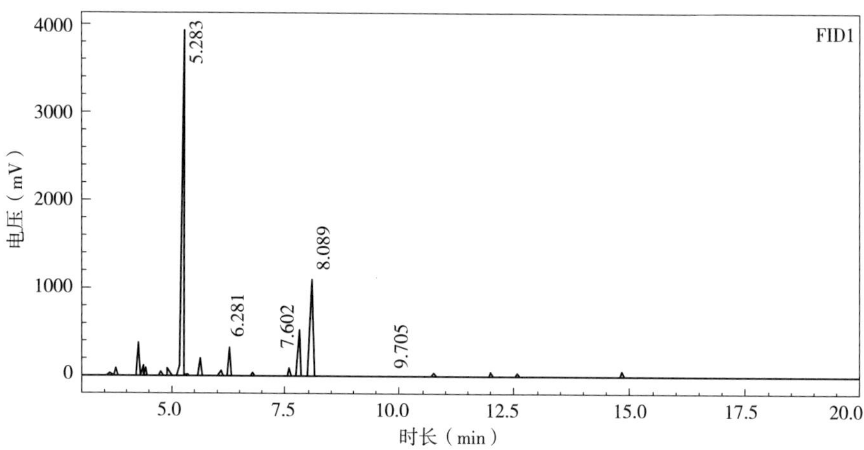

图 3-22　桉叶油素型黄樟枝精油总离子流

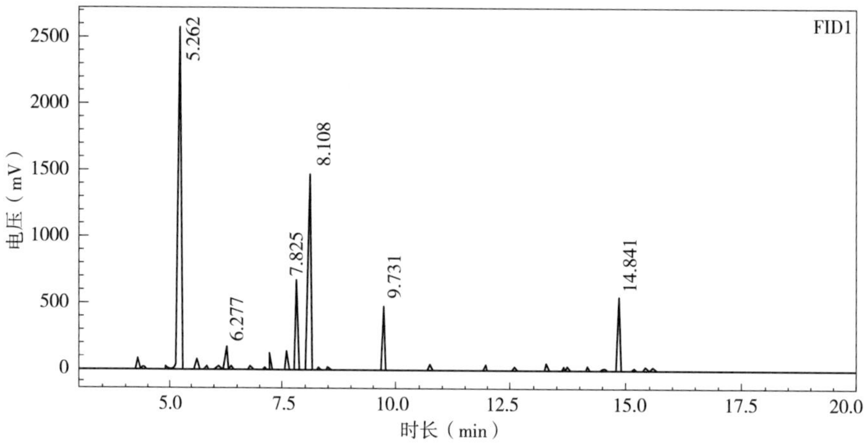

图 3-23　桉叶油素型黄樟干精油总离子流

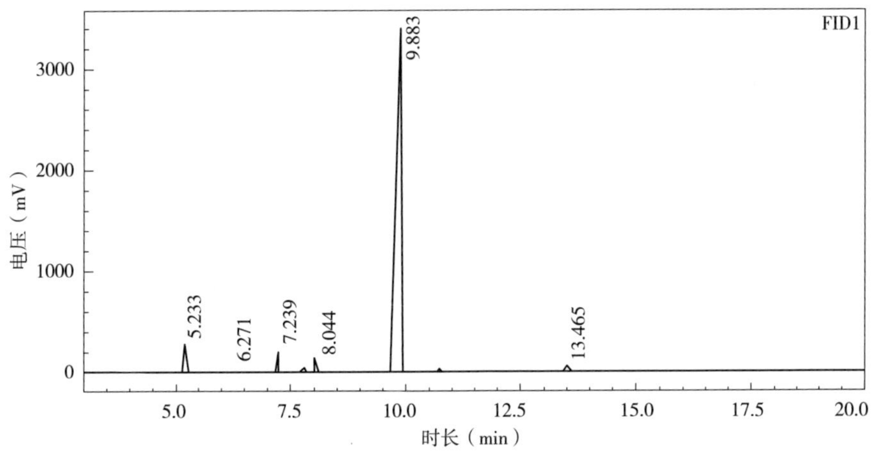

图 3-24　桉叶油素型黄樟根精油总离子流

表 3-14　桉叶油素型黄樟不同部位精油成分及其含量　%

编号	化学成分名称	中文名	相对含量			
			叶	枝	干	根
1	3-Thujene	3-侧柏烯	0.52	0.17	0.03	—
2	alpha-Pinene	α-蒎烯	4.38	1.12	0.14	—
3	Camphene	莰烯	0.11	0.05	—	—
4	beta-Phellandrene	β-水芹烯	16.52	4.54	1.00	0.01
5	beta-Pinene	β-蒎烯	5.25	1.32	0.26	0.01
6	Myrcene	月桂烯	—	1.07	0.29	—
7	alpha-Phellandrene	α-水芹烯	0.06	0.51	0.11	—
8	alpha-Terpinen	α-萜品烯	0.56	1.27	0.25	—
9	o-Cymene	伞花烃	0.06	0.12	0.16	—
10	Eucalyptol	桉叶油素	55.20	54.81	32.43	3.06
11	gamma-Terpinene	γ-松油烯	0.98	2.27	0.83	0.04
12	*trans*-Linalool oxide	反式-芳樟醇氧化物	0.69	0.10	0.29	—
13	*cis*-Linaloloxide	顺式-芳樟醇化合物	0.25	0.62	0.27	0.02
14	Linalool	芳樟醇	0.31	3.30	1.93	0.18
15	*cis*-beta-Terpineol	顺式-β-萜品醇	—	0.10	0.33	0.02
16	1,3,8-p-Menthatriene	1,3,8- 对薄荷三烯	0.11	0.15	0.32	—
17	Pinocarveol	松香芹醇	—	—	0.25	—
18	beta-Citronellal	β-香茅醛	—	0.17	1.42	2.05
19	Verbenol	马鞭草烯醇	—	0.04	—	0.01

（续）

编号	化学成分名称	中文名	相对含量			
			叶	枝	干	根
20	*trans*-Epoxylinalol	反式-氧化芳樟醇	0.76	1.13	1.72	0.09
21	Borneol	龙脑	0.07	0.09	0.13	0.04
22	4-Terpineol	4-萜品醇	2.09	5.93	8.25	0.39
23	L-alpha-Terpineol	L-α-萜品醇	10.33	15.74	24.95	1.65
24	Menthol	薄荷醇	0.03	0.11	0.15	0.01
25	beta-Citronellol	β-香茅醇	0.13	0.15	0.26	0.01
26	Geraniol	香叶醇	—	—	0.08	—
27	Safrole	黄樟油素	0.01	0.14	5.64	90.75
28	Verbenyl ethyl ether	马鞭基乙醚	—	0.35	0.42	0.27
29	*cis*-Verbenol	顺式-马鞭草醇	0.03	—	—	—
30	Methyleugenol	甲基丁香酚	—	—	—	0.05
31	Citral diethyl acetal	柠檬醛二乙缩醛	—	—	0.12	—
32	Cadinene	荜澄茄烯	0.32	0.05	0.11	0.04
33	beta-caryophyllene	β-石竹烯	—	0.36	—	—
34	alpha-caryophyllene	α-石竹烯	0.22	0.37	0.24	—
35	Germacrene D	大根香叶烯 D	0.04	—	—	—
36	Methylisoeugenol	甲基异丁香酚	—	0.08	0.10	—
37	alpha-Guaiene	α-愈创木烯	—	0.13	—	—
38	beta-Chamigrene	β-花柏烯	0.35	—	0.64	—
39	beta-Bisabolene	β-红没药烯	—	0.05	—	—
40	Guaia-1（10）,4-diene	愈创木 -1（10）, 4-二烯	—	0.08	0.18	0.50
41	Elemol	榄香醇	—	—	0.17	—
42	*trans*-Nerolidol	反式-橙花叔醇	—	—	0.15	—
43	beta-Vatirenene	β-梵蒂烯	—	—	0.23	—
44	Spathulenol	油烯醇	—	0.08	0.06	—
45	Caryophyllene oxide	氧化石竹烯	—	0.20	0.22	0.07
46	Guaiol	愈创木醇	—	—	—	0.06
47	2-Methyl-2-but acid isoborneol ester	2-甲基 -2-丁酸异龙脑酯	—	0.49	7.00	0.19
48	Humulene epoxide	草烯环氧化物	—	0.09	0.17	0.02
49	Selina-6-en-4-ol	6-芹子烯-4 醇	—	0.23	0.33	—

（续）

编号	化学成分名称	中文名	相对含量			
			叶	枝	干	根
50	gama-Eudesmol	γ-桉叶醇	—	0.06	0.09	—
51	Cadinol	杜松醇	—	0.20	0.49	—
52	alpha-Eudesmol	α-桉叶醇	—	0.08	0.50	—
53	Bisabolene epoxide	环氧红没药烯	—	0.11	—	—
54	*trans*-beta-Ionone	反式-β-紫罗兰酮	—	0.09	0.20	—
55	Farnesol	金合欢醇	—	—	0.16	—
合计（种）			26	43	45	24

注："—" 表示未检测到。

（3）柠檬醛型黄樟不同部位精油成分及其含量

柠檬醛型黄樟叶、枝、干、根四个部位精油成分检测的总离子流图见图3-25~图3-28。经检索、解析和文献查对，从四个部位精油共鉴定了65种化学成分，其中从叶、枝、干、根中分别鉴定了51、37、43和33种化学成分（表3-15）。本研究采用的5年生柠檬醛型黄樟叶精油主要化学成分为柠檬醛（58.35%）、芳樟醇（14.64%）和反式-橙花叔醇（6.92%），枝精油主要化学成分为柠檬醛（45.03%）、β-香茅醛（6.26%）、香叶醇（5.14%）和桉叶油素（4.35%），干精油主要化学成分为桉叶油素（26.81%）、樟脑（17.51%）、柠檬醛（14.58%）、芳樟醇（10.48%）、L-α-萜品醇（6.08%）和α-水芹烯（4.16%），根精油主要化学成分为黄樟油素（73.015%）、樟脑（7.54%）和桉叶油素（4.82%）。

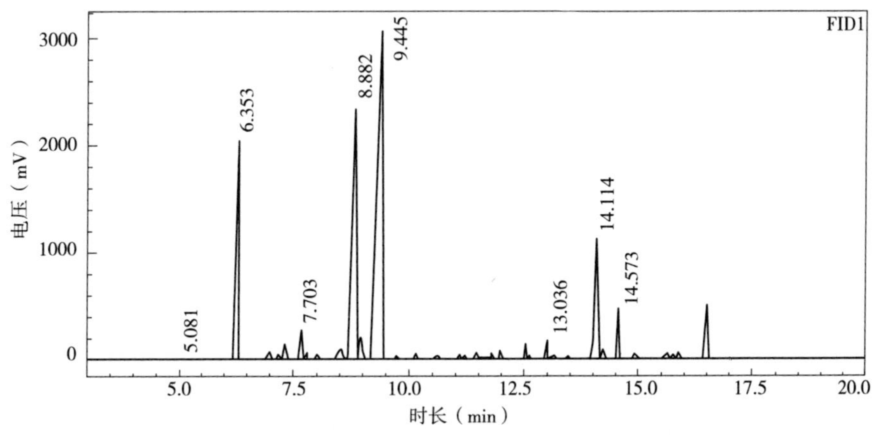

图3-25　柠檬醛型黄樟叶精油总离子流

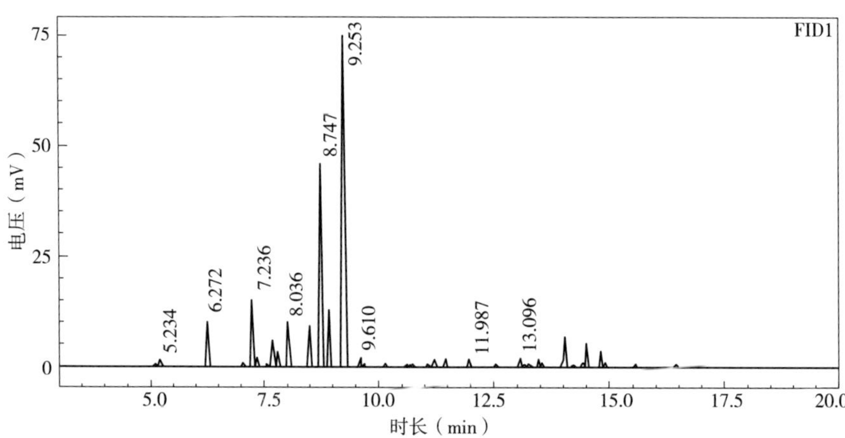

图 3-26　柠檬醛型黄樟枝精油总离子流

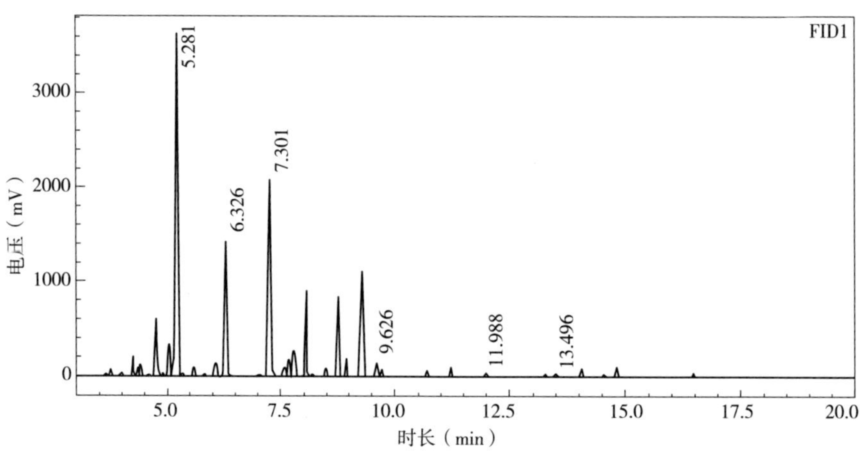

图 3-27　柠檬醛型黄樟干精油总离子流

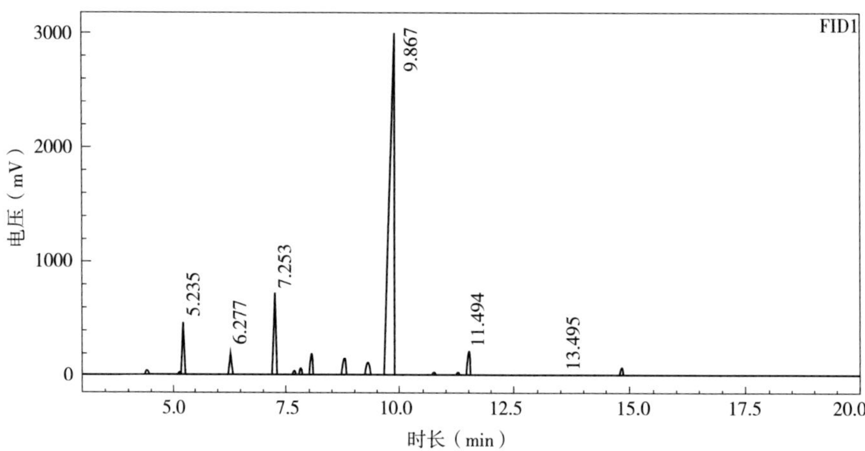

图 3-28　柠檬醛型黄樟根精油总离子流

表 3-15 柠檬醛型黄樟不同部位精油成分及其含量 %

编号	化学成分名称	中文名	相对含量			
			叶	枝	干	根
1	3-Thujene	3-侧柏烯	0.00	—	0.07	—
2	alpha-Pinene	α-蒎烯	—	—	0.46	0.00
3	Camphene	莰烯	—	0.17	0.22	0.11
4	beta-Phellandrene	β-水芹烯	—	—	1.51	0.10
5	beta-Pinene	β-蒎烯	0.11	—	0.58	0.54
6	Myrcene	月桂烯	—	0.17	0.73	—
7	alpha-Phellandrene	α-水芹烯	—	0.27	4.16	0.10
8	alpha-Terpinen	α-萜品烯	—	—	0.27	0.05
9	o-Cymene	伞花烃	0.05	—	2.53	—
10	D-Limonene	D-柠檬烯	0.05	0.40	—	0.20
11	Eucalyptol	桉叶油素	0.04	4.35	26.81	4.82
12	gamma-Terpinene	γ-松油烯	0.01	—	0.56	0.15
13	*trans*-Linalool oxide	反式-芳樟醇氧化物	0.09	—	0.12	—
14	*cis*-Linaloloxide	顺式-芳樟醇化合物	0.04	—	0.96	0.15
15	Linalool	芳樟醇	14.64	—	10.48	1.87
16	1,3,8-p-Menthatriene	1,3,8-对薄荷三烯	0.38	0.63	0.11	0.06
17	beta-Citronellal	β-香茅醛	0.34	6.26	—	—
18	Camphor	樟脑	—	—	17.51	7.54
19	Verbenol	马鞭草烯醇	0.67	0.92	0.07	0.13
20	*trans*-Epoxylinalol	反式-氧化芳樟醇	—	0.30	0.42	0.11
21	Borneol	龙脑	1.44	3.04	1.22	0.41
22	4-Terpineol	4- 萜品醇	0.24	1.65	1.64	0.56
23	L-alpha-Terpineol	L-α-萜品醇	0.26	4.24	6.08	1.89
24	Menthol	薄荷醇	0.09	0.28	0.06	—
25	beta-Citronellol	β-香茅醇	1.12	3.88	0.66	0.10
26	beta-Citral	β-柠檬醛	21.97	17.40	5.78	1.24
27	Geraniol	香叶醇	1.57	5.14	1.09	0.07
28	Menthone	薄荷酮	0.03	—	—	—
29	alpha-Citral	α-柠檬醛	36.38	27.63	8.80	1.71
30	Borneol acetate	乙酸龙脑酯	0.04	0.92	0.84	—
31	Safrole	黄樟油素	0.15	0.34	0.33	73.01
32	Carvacrol	香芹酚	—	—	0.03	—
33	Neric acid	橙酸	—	0.27	0.06	—
34	Verbenyl ethyl ether	马鞭基乙醚	—	0.32	0.41	0.37

（续）

编号	化学成分名称	中文名	相对含量			
			叶	枝	干	根
35	Epoxylinalol	环氧芳樟醇	0.08	—	0.56	0.20
36	*cis*–Verbenol	顺式–马鞭草醇	0.11	0.17	0.08	2.08
37	Methyleugenol	甲基丁香酚	0.24	0.80	—	—
38	Cadinene	荜澄茄烯	0.34	0.82	0.17	0.12
39	alpha–Bergamotene	α–佛手碱	—	—	0.06	0.04
40	alpha–Caryophyllene	α–石竹烯	0.62	0.23	—	—
41	Alloaromadendrene	别香橙烯	0.13	—	—	—
42	Germacrene D	大根香叶烯 D	—	—	0.08	—
43	Methylisoeugenol	甲基异丁香酚	0.73	0.95	0.08	0.07
44	alpha–Guaiene	α–愈创木烯	0.07	—	—	—
45	beta–Chamigrene	β–花柏烯	0.13	0.39	—	—
46	beta–Bisabolene	β–红没药烯	0.01	0.43	0.17	0.07
47	Guaia–1（10），4–diene	愈创木 -1（10），4–二烯	0.12	0.75	0.23	0.12
48	*trans*–Nerolidol	反式–橙花叔醇	6.92	3.02	0.50	0.15
49	beta–Vatirenene	β–梵蒂烯	0.40	0.35	—	—
50	Spathulenol	油烯醇	0.10	0.43	0.04	0.08
51	Caryophyllene oxide	氧化石竹烯	2.41	2.47	0.14	0.06
52	Guaiol	愈创木醇	0.12	1.44	—	—
53	Humulene epoxide	草烯环氧化物	0.25	0.35	—	—
54	Selina–6–en–4–ol	6–芹子烯–4 醇	0.18	0.20	—	—
55	gama–Eudesmol	γ–桉叶醇	0.09	0.16	—	—
56	Cadinol	杜松醇	0.08	—	—	—
57	alpha–Eudesmol	α–桉叶醇	0.14	—	—	—
58	Bisabolene epoxide	环氧红没药烯	0.37	—	—	—
59	*trans*–beta–Ionone	反式–β–紫罗兰酮	0.15	0.26	0.06	—
60	Aristolone	马兜铃酮	0.34	—	—	—
61	Farnesol	金合欢醇	0.06	—	—	—
62	Widdrol	韦得醇	3.33	0.23	0.15	—
63	alpha–Bisabolene epoxide	α–环氧红没药烯	0.11	—	—	—
64	7–Hydroxyfarnesene	7–羟基法尼烯	0.05	—	—	—
65	alpha–Eudesmol	α–桉叶醇	0.05	—	—	—
合计（种）			51	37	43	33

注：“—”表示未检测到。

3.2.3 讨论与结论

本章以 5 年生芳樟醇型、桉叶油素型、柠檬醛型三种不同化学型黄樟为材料，对不同化学型黄樟不同部位精油含量及成分开展研究。研究表明，芳樟醇型、桉叶油素型和柠檬醛型黄樟各部位精油含量均以叶最高，其次为根，干和枝相对较低，可见不同化学型黄樟均适合采用获取叶生物量为主要目标的矮林作业模式开展黄樟香料种植。另外，不同化学型叶、枝、干、根精油含量差异显著，以桉叶油素型精油含量最高，其次为芳樟醇型和柠檬醛型精油含量。桉叶油素具有抗菌、杀虫功效，是世界十大精油产品之一，在医药、香料和工业领域应用广泛，桉叶油素型黄樟具有出油率高的特点，加上黄樟叶生物量高的优良特性，将是桉叶油素精油生产的新兴植物源种植树种。除桉叶油素外，黄樟中富含的芳樟醇和柠檬醛均具有重要的经济开发价值，芳樟醇是香水及日化产品使用频率最高的香料，还具有镇痛、抗炎、抗肿瘤的功效，而柠檬醛是广泛使用的食品添加剂，还具有显著抑菌作用。可见，黄樟是适合多种重要精油综合开发利用的树种，可规模化产业种植，利用前景广阔。

从不同化学型黄樟叶、枝、干、根中检测到几十种主要化学成分，芳樟醇型黄樟叶和枝精油主要化学成分均以芳樟醇为主，干精油主要化学成分以桉叶油素为主，根精油主要化学成分以黄樟油素为主。桉叶油素型黄樟叶、枝和干精油主要化学成分均以桉叶油素为主，根精油主要化学成分以黄樟油素为主。柠檬醛型黄樟叶和枝精油主要化学成分均以柠檬醛为主，干精油主要化学成分以桉叶油素为主，根精油主要化学成分以黄樟油素为主。三种不同化学型黄樟根精油黄樟油素含量均达到了 70% 以上，甚至可达 90% 以上。可见，黄樟根是天然的黄樟油素生产来源，在黄樟种植经营后期可成为黄樟油素精油的重要生产材料。

第4章
黄樟精油提取技术研究

精油是指从香料植物或动物中加工提取所得到的挥发性含芳香物质制品的总称，可以从植物的叶子、花朵、种子、果实、根部、树皮、树脂、木质等部位提炼出来。精油在常温下多呈液态油状，也有少数精油呈固态膏状（Sriramavaratharajan et al.，2016；Hu et al.，2018；Zhang et al.，2018）。目前对于黄樟精油提取主要方法有以下几种：①水蒸气蒸馏法；②超临界流体萃取法；③压榨法；④溶剂萃取法等。植物精油的化学成分会因植物来源及提取方法不同等导致明显差异，因此不断探索新的提取方法、优化提取工艺对保留更多精油的有效成分尤其重要。采用高效、安全的黄樟精油提取方法已经成为一种新的趋势（杨君等，2012；何凤平等，2020）。

黄樟化学型多，不同化学型精油的加工、提取方式也存在差异。例如：芳樟醇、桉叶油素、萜品醇等化学型因精油密度小于1g/mL，水蒸气蒸馏后静置于水相之上；黄樟油素等化学型因精油密度大于1g/mL，水蒸气蒸馏后静置于水层之下；樟脑、龙脑等化学型精油室温下呈固态，水蒸气蒸馏后结晶于冷却装置内部（Miyazawa et al.，2001）。目前，黄樟精油的工业化生产主要采用矮林作业模式收获枝叶原料，采用水蒸气蒸馏法提取挥发性精油。

4.1 精油水蒸气蒸馏法

4.1.1 传统水蒸气蒸馏法

4.1.1.1 简介

水蒸气蒸馏法是利用高温水蒸气，通过共沸作用将植物中的精油蒸出（Ghahramanloo et al.，2017）。其操作过程是将植物原料以一定料液比加入水蒸气蒸馏器中，通过加热产生水蒸气并通过蒸馏，冷凝、收集、油水分离等步骤，获得植物精油粗产品。

水蒸气蒸馏法一般有三种提取形式：水中蒸馏、水上蒸馏、水汽蒸馏。水中蒸馏是将原料直接放入水中浸泡，使液态水与原料直接接触；水上蒸馏是将原料放在多孔隔板上，通过加热纯水产生的饱和蒸气与原料环绕接触进行蒸馏提取；水汽蒸馏是将样品放在多孔板上，由喷气管喷出的水蒸气穿过原料，进行水蒸气蒸馏。尽管三者的提取形式不同，但原理是一样的，利用水扩散进入植物内置换出植物精油，通过热水的作用形成油-水共沸物，随后将油水进行分离得到所要的精油。水蒸气蒸馏法是目前最常用的一种植物精油提取方法，在实际生产中被广泛应用。

水蒸气蒸馏法具有容易操作、设备简单、成本低、不会带来污染等特点，并且提取的精油质量较好（无溶剂残留）。但水蒸气蒸馏法一般提取时间比较长，植物精油长时间在高温环境下某些成分会发生热分解、水解，导致精油成分不稳定。同时，长时间的加热可能会导致原料发生焦化，对精油的提取产生不利的影响（刘晓辉，2008；王进等，2017）。

水蒸气蒸馏法提取所得的精油主要是挥发性成分，但是对于某些化学型植物精油，若其中所富含不饱和、不稳定的热敏性萜类成分，或萜类成分遇热后容易发生分解或是被氧化时，则不宜使用此法。因此该方法只适用于精油成分具有挥发性，能随水蒸气蒸馏而不被破坏，与水不发生反应，且难溶或不溶于水的情形。同时在水蒸气蒸馏过程中，长时间高温加热对精油的质量会造成明显的不良影响。研究结果表明，长时间高温的水蒸气蒸馏不仅会造成热分解，使精油热敏化合物变质，还可以加速易水解成分的水解，损失赋香成分，降低精油质量。

4.1.1.2　小试设备改造

传统水蒸气蒸馏提取工艺，主要采用的是全出料模式。该出料模式由于高温水蒸气与蒸馏作用产生的精油蒸气，可能发生氢键缔合等相互作用，冷凝后一定程度会产生油水混溶现象，造成精油的流失，降低精油得率。因此，改进传统水蒸气蒸馏设备，采用油水蒸气共回流出料模式，可减少精油流失，显著提高得率。

（1）精油提取装置改造前后对比

改造后的水蒸气蒸馏设备出料模式采用全回流模式，现有的水蒸气蒸馏工艺主要采用全出料模式。设备主要构造参照 Clevenger 型水蒸气蒸馏装置，水蒸气蒸馏釜采用釜体 2/3 处开口，并采用密封圈与法兰或卡扣进行密封处理，充分保证体系的密闭性，在方便进料与卸料同时，保证蒸馏过程的用水量。原材料批次处理量 100~1000g，釜体内部包含隔垫装置，使物料与水分开，以保证物料可以方便快捷采用水上水蒸气蒸馏模式。蒸馏釜顶部开口 1~3cm，并通过双内直型玻璃管与油水分离器下端相连接，油水分离器采用 5mL 刻度容器，油水分离器上部与冷凝管相连。

（2）精油得率对比

分别准备一定质量的芳樟醇型、桉叶油素型和反式－橙化叔醇型三种黄樟化学型鲜叶原材料，并分别充分混合均匀。每种化学型原料平均分成两份，一份用传统设备提取精油，另一份采用改进的设备提取精油。每个试验采用三组平行试验，每组平行试验以 100g 鲜叶进行试验，计算精油提取率。

由表 4-1 结果可知，对于相同原材料，出料模式对于精油得率具有显著的影响。当采用改进设备进行精油提取时，精油平均提取率高出传统设备 24.7%~28.8%。此结果表明，水蒸气蒸馏过程中，传统水蒸气蒸馏出料模式下，纯露中含有大量的天然精油。而后期对于纯露的循环利用，可有效提高天然精油的得率，进而提高产能。

表 4-1　不同设备精油得率对比　　%

化学型	传统设备平均得率	改进设备平均得率
芳樟醇型	1.39 ± 0.02	1.79 ± 0.02
桉叶油素型	1.98 ± 0.03	2.47 ± 0.04
反式－橙花叔醇型	0.42 ± 0.01	0.53 ± 0.01

4.1.2　浸渍前处理结合水蒸气蒸馏法

传统水蒸气蒸馏法原理是，根据精油与水不相溶的特性，把原材料放置于水蒸气蒸馏设备中，利用高温水蒸气，通过共沸作用将原材料精油蒸出。研究表明，传统水蒸气蒸馏工艺存在以下不足：①精油出料模式方面。现有水蒸气蒸馏工艺采用全出料模式，即精油和纯露是采用共同出料方式。研究结果表明，高温产生的水蒸气与精油蒸气在蒸馏过程中，由于氢键缔合、分子间互溶等问题，精油冷凝后与水发生较大程度的互溶，造成了精油流失，使得得率显著降低。②水蒸气蒸馏过程的动态变化方面。水蒸气蒸馏提取过程中，精油得率和精油化学成分组成均是动态变化的过程，且黄樟不同化学型的变化规律不一样。以右旋芳樟型黄樟为例，水蒸气蒸馏过程中，精油中芳樟醇含量随蒸馏时间的增加，呈现先增大后减小的趋势；对于桉叶油素型黄樟，水蒸气蒸馏过程中，精油中桉叶油素呈现先减少后增大的趋势。③连续化生产方面。传统生产工艺流程中，原材料置于进料釜内，高温水蒸气进入进料釜中，采用水蒸气蒸馏法将精油蒸出。当一批物料蒸馏结束后，体系由于仍处于高温状态，需进行较长时间的降温处理，再开启釜盖进行下一批次投料生产，较大程度影响了生产进度。④后续管路清理与安全性方面。传统工艺条件下，水蒸气蒸馏过程中，原材料放置于精油提取釜中进行，一方面原材料易发生软化，另一方面部分杂质易残留在釜体中各连接处，并造成体系管路的堵塞，极大增加了后续清理难度。同时，一旦发生较严重程度的堵塞现象，体系易处于封闭状态，在持续加热产生水蒸气的情况下，存在生产安全事故的风险。

基于以上问题分析，有针对性地开发了“浸渍前处理结合水蒸气蒸馏法提取”技术。该技术的机理是：采用浸渍前处理，油细胞壁在一定温度水作用下被破坏，精油浸出而分散于浸渍液表面。其主要工艺流程是：采用一定温度的水对原材料进行浸渍前处理，浸渍一定时间后，浸渍液经简单过滤后进行加热全回流模式蒸出精油，最后经静置分层获得精油。同时，原材料采用相同处理流程，进行第二次浸渍前处理和精油提取。通过多次的浸渍前处理，精油累计得率较传统工艺提高10%~30%。这说明新工艺在精油得率方面较传统工艺具有明显优势。新方法还具有以下几方面潜在优势：①上一批次蒸馏产生的纯露可返回至浸渍釜内，进行下一批次浸渍处理，从而做到纯露的循环利用，在提高得率的同时又做到了环境保护，产生更少的废水。②设置专用浸渍釜用于原材料的浸渍处理，一方面便于后期釜体的清洗，另一方面水蒸气蒸馏过程中，原材料前处理与水蒸气蒸馏过程分开进行，避免发生堵塞现象。③最终实现连续化生产。主要工艺流程如图4–1所示。

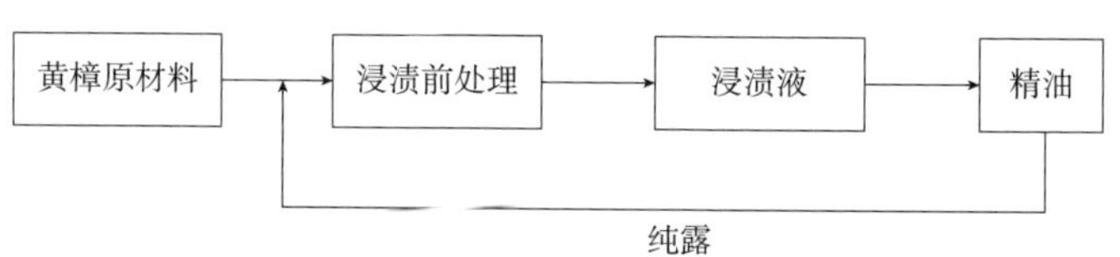

图 4-1 浸渍前处理结合水蒸气蒸馏法工艺流程

4.1.3 浸渍前处理对黄樟精油提取的影响

根据 4.1.2 的内容，传统水蒸气蒸馏提取精油的过程是动态变化的过程，伴随着水蒸气蒸馏的进行，精油蒸出率及精油的化学成分组成也是动态变化的过程。为了提高精油得率，对传统水蒸气蒸馏法进行改造，在原材料进行水蒸气蒸馏前，通过多次浸渍预处理，使精油分散在浸渍液中，浸渍液经过加热回流，获得不同批次的精油组分。但新工艺中浸渍液料液比、浸渍温度、浸渍时间等对精油的浸出量和精油化学成分具有重要影响。以黄樟重要化学型（右旋芳樟醇型）为原材料，对浸渍前处理工艺进行研究，相较于传统工艺，期望获得目标主成分含量更高、化学成分组成更全的精油，同时有利于精油中某些微量萜类成分的分离纯化。

4.1.3.1 试验材料与方法

（1）原材料采集

原材料选择右旋芳樟醇型黄樟为研究对象，鲜叶采集后混合均匀，立即称重，分成两份并标记后，低温下密闭保存。

（2）精油的提取

一份原材料作为对比，采用传统水蒸气蒸馏方法，叶样采用水蒸气蒸馏装置，水蒸气蒸馏 2h 获得精油。精油存放于 0~5℃下密闭保存，待进行 GC、GC-MS 检测。

另外一份原材料采用浸渍法结合水蒸气蒸馏法获得精油，主要操作步骤如下：①浸渍装置中加入叶片原材料，以料液比 1 ∶ 10 加水后于 80℃下浸泡 2h；②浸渍液经过简单过滤后，采用直接水蒸气蒸馏加热 2h，收集第一次精油组分；③叶片原材料，以料液比 1 ∶ 10 加水后于 80℃下进行第二次浸泡 2h 前处理，浸渍液经过简单过滤后，直接水蒸气蒸馏 2h，收集第二次精油组分，即重复①和②操作，重复浸渍前处理——水蒸气蒸馏操作四次，共可获得四批次精油组分，分别标记一次前处理、二次前处理、三次前处理和四次前处理；④浸渍剩余物采用直接水蒸气蒸馏法提取精油，标记剩余物。所有精油都于0~5℃下密闭保存，待进行GC、GC-MS检测。

（3）精油检测

采用SHIMADAZU GC-2010plus气相色谱仪对精油化学成分组成进行定量分析，色谱柱选择SH-RXI-5SILMS毛细管柱（规格：30m × 0.25mm × 0.25μm）。GC程序：80℃保留2min，8℃ /min升至160℃，再以8℃ /min升至250℃，保留2min。每次进样量1.0μL，载气为氮气，采用恒线流速，分流比20 ∶ 1。进样口温度280℃，FID温度260℃。采用峰面积归一法，计算各成分相对百分含量。

采用SHIMADAZU QP2020气相色谱－质谱联用仪对精油化学成分组成进行定性分析，色谱柱选择SH-RXI-5SILMS毛细管柱（规格：30m × 0.25mm × 0.25μm）。氦气作为载气，流量为1.0mL/min，电离电压为70eV，进样口温度280℃，离子源和连接线温度分别为200℃和250℃。质谱扫描范围：40~650*m/z*。GC-MS程序：80℃保留2min，8℃ /min升至160℃，再以8℃ /min升至250℃，保留2min。每次进样量1.0μL，分流比20 ∶ 1。采用NIST8.0结合保留指数法，对各离子峰进行成分检索及鉴定，采用峰面积归一法，计算各成分相对百分含量。

相同程序采用正构烷烃（C_9~C_{33}和C_{10}~C_{20}）进行参照，根据色谱图计算保留指数。根据其计算的保留指数与软件中NIST8.0数据库和文献报道值进行比较，确定了精油化学成分组成。

（4）数据分析

数据结果采用SPSS软件进行方差分析，以P值小于0.05的条件下，对数据结果进行统计分析。

4.1.3.2 结果与分析

（1）浸渍前处理对精油得率的影响

对比试验中，300g鲜叶加入3000g水一起放入水蒸气蒸馏设备中。采用水蒸气蒸馏装置进行精油提取，蒸馏时间2h，平行试验进行三次。水蒸气蒸馏结束后，记录收集所得的精油体积。油水充分分离后，经无水硫酸镁干燥、过滤，于0~5℃下储存，待进行GC、GC-MS检测。精油得率计算以每克鲜叶所含精油的质量计。

在浸渍前处理试验中，首先在浸渍设备中加入 300g 鲜叶和 3000g 水，于 80℃下加热 2h。浸渍液经过简单过滤后，加热蒸馏 2h，采用水蒸气蒸馏装置进行加热回流，收集第一次精油组分。同时，鲜叶原材料第二次浸渍于 3000g 水中，在 80℃下加热 2h。浸渍液经过简单过滤后，使用水蒸气蒸馏设备对浸渍液进行加热回流，收集第二次精油组分。以上操作重复两次，共可收集四批次不同精油组分，平行试验进行三次。经过四次浸渍前处理后，浸渍剩余物进行直接水蒸气蒸馏 2h，获得精油，以 RM 标记。所有精油组分经过油水分离、干燥、过滤，均于 0~5℃下储存，待进行 GC、GC-MS 分析。精油产量计算为每克鲜叶精油的质量。

由表 4-2 结果可看出，各浸渍次数下，精油得率存在显著差异。随着浸渍次数的增加，精油的总收率和总提取比显著增加。在此工艺条件下，第一次浸渍预处理后，精油的得率达到 54.78%。第二次浸渍预处理后，精油总提取率接近 80.00%。经过第三次浸渍预处理后，精油提取率接近 90.00%。原材料经过四次浸渍预处理后，残留的精油的量小于 5.00%，且无法通过浸渍将精油浸出。令我们感兴趣的是，此结果表明，在不考虑试验过程中物料转移损失的前提下，经过四次浸渍预处理后，精油总得率可达 95.00% 以上。

表 4-2　浸渍前处理对于精油得率的影响　%

预处理编号	编号	得率	总得率	精油总提取率
对比试验	CE-1	1.25	—	—
	CE-2	1.42	—	—
	CE-3	1.40	—	—
	均值	1.36	—	—
一次浸渍	A-1	0.77	—	56.20
	B-1	0.77	—	56.20
	C-1	0.73	—	53.68
	均值	0.76	—	55.36[d]
二次浸渍	A-2	0.33	1.10	80.88
	B-2	0.33	1.10	80.88
	C-2	0.33	1.06	77.94
	均值	0.33	1.09[c]	79.90[c]

（续）

预处理编号	编号	得率	总得率	精油总提取率
三次浸渍	A–3	0.14	1.24	91.18
	B–3	0.12	1.22	89.71
	C–3	0.13	1.19	87.50
	均值	0.13	1.22^{b}	89.46^{b}
四次浸渍	A–4	0.06	1.30	95.59
	B–4	0.06	1.28	94.12
	C–4	0.05	1.24	91.18
	均值	0.06	1.27^{a}	93.63^{a}
残留底物	RM–A	0.05	—	3.68
	RM–B	0.05	—	3.68
	RM–C	0.06	—	4.41
	均值	0.05	—	3.92
$LSD_{\alpha=0.05}$				

（2）浸渍前处理对精油化学成分组成的影响

表 4–3 所示精油中所有化合物组成、精油成分均根据保留指数结合文献资料进行鉴定。对比组分精油中共鉴定出 31 种不同的化合物，占精油组成的 99.61%~99.98%，主要成分芳樟醇在精油中相对百分含量 93.01%~94.25%。

采用浸渍前处理结合水蒸气蒸馏法提取精油，黄樟叶原材料经过第一次浸渍预处理后，所提取的精油中，共鉴定出 22 种不同的化合物，占精油组成的 99.79%~99.98%，主要成分芳樟醇在精油中相对百分含量 94.11%~94.43%。第二次浸渍预处理后，所得精油中，共鉴定出 18 种不同的化合物，占精油组成的 99.89%~99.98%，其主要成分芳樟醇相对百分含量 96.30%~96.56%。第三次浸渍预处理所得的精油，共鉴定出 21 种不同的化合物，占精油组成含量的 99.91%~99.96%，主要成分芳樟醇相对百分含量 96.37%~96.57%。第四次浸渍预处理所得精油中，共鉴定出 28 种不同的化合物，占精油总含量的 99.78%~99.87%，主要成分芳樟醇相对百分含量 86.33%~93.84%。

浸渍剩余底物采用直接水蒸气蒸馏获得精油中，共鉴定出 56 种不同的化合物，占精油总含量的 98.61%~99.89%。精油中主要成分芳樟醇相对百分含量 35.61%~37.11%，反式 – 橙花叔醇相对百分含量 24.34%~38.03%。

表 4-3 不同浸渍前处理精油化学成分组成

%

编号	分类	化合物名称	分子式	保留指数	CE-1	CE-2	CE-3	A-1	B-1	C-1	A-2	B-2	C-2	A-3	B-3	C-3	A-4	B-4	C-4	RM-A	RM-B	RM-C
1	MH	α-蒎烯	$C_{10}H_{16}$	939	—	0.13	—	—	—	—	—	—	—	—	—	—	—	—	0.04	—	—	—
2	MH	莰烯	$C_{10}H_{16}$	956	—	0.08	—	—	—	—	—	—	—	—	—	—	—	—	—	—	—	—
3	MH	β-蒎烯	$C_{10}H_{16}$	986	—	0.06	—	—	—	—	—	—	—	—	—	—	—	—	—	—	—	—
4	MH	月桂烯	$C_{10}H_{16}$	989	—	0.08	—	—	—	—	—	—	—	—	—	—	—	—	0.03	—	—	0.09
5	MH	D-柠檬烯	$C_{10}H_{16}$	1034	0.15	0.22	0.02	—	0.02	—	—	—	—	—	—	—	—	—	0.09	0.17	0.22	0.51
6	OM	桉叶油素	$C_{10}H_{18}O$	1038	0.05	0.06	0.13	0.24	0.09	0.08	0.12	0.07	0.13	0.31	0.05	0.05	—	0.14	0.19	—	—	—
7	MH	罗勒烯	$C_{10}H_{16}$	1046	0.16	0.21	—	—	0.02	—	—	—	—	—	—	—	—	—	—	—	0.37	0.27
8	OM	反式-氧化芳樟醇	$C_{10}H_{18}O$	1074	0.17	0.20	0.20	0.30	0.32	0.31	0.11	0.13	0.09	0.06	0.05	0.05	0.03	—	—	—	—	—
9	OM	顺式-氧化芳樟醇	$C_{10}H_{18}O$	1090	0.33	0.39	0.41	0.58	0.61	0.61	0.17	0.20	0.14	0.08	0.07	0.07	0.03	—	0.03	—	—	—
10	OM	芳樟醇	$C_{10}H_{18}O$	1104	94.25	93.47	93.01	94.11	94.25	94.43	96.56	96.40	96.30	96.37	96.57	96.57	86.64	87.52	86.33	37.11	35.61	36.13
11	OM	桃金娘醇	$C_{10}H_{16}O$	1112	—	—	—	—	—	—	—	—	—	—	—	—	—	—	—	—	—	0.21
12	OM	葑醇	$C_{10}H_{18}O$	1125	0.06	0.05	—	—	—	—	—	—	—	—	—	—	—	—	—	—	—	0.29
13	OM	5-蒈醇	$C_{10}H_{18}O$	1130	0.12	0.09	0.08	—	0.02	0.02	—	—	—	—	—	—	—	—	—	—	—	—
14	OM	顺-1-松油烯醇	$C_{10}H_{18}O$	1147	1.14	1.18	1.51	2.40	2.38	2.41	0.55	0.62	0.54	0.24	0.16	0.16	0.03	—	—	—	—	—
15	OM	樟脑	$C_{10}H_{16}O$	1155	0.24	0.13	0.16	0.15	0.17	0.17	0.15	0.62	0.20	0.13	0.26	0.26	1.27	0.87	0.32	—	0.16	0.38
16	OM	L-α-萜品醇	$C_{10}H_{18}O$	1175	—	0.05	0.07	0.06	0.07	0.06	—	—	—	—	—	—	—	—	—	—	—	—
17	OM	龙脑	$C_{10}H_{18}O$	1179	0.05	0.05	—	0.06	0.06	0.06	0.05	0.07	0.05	0.06	0.07	0.07	5.92	5.02	7.09	—	1.08	1.59
18	OM	4-萜品醇	$C_{10}H_{18}O$	1187	0.05	0.05	0.07	0.08	0.07	0.07	0.08	0.08	0.08	0.13	0.10	0.10	0.20	0.18	0.19	—	—	—
19	OM	α-萜品醇	$C_{10}H_{18}O$	1202	0.19	0.23	0.38	0.27	0.28	0.25	0.25	0.26	0.28	0.35	0.33	0.33	0.47	0.50	0.42	0.18	0.19	0.17
20	OM	香芹醇	$C_{10}H_{18}O$	1214	0.20	0.20	0.21	0.16	0.23	0.20	0.07	0.07	0.08	0.05	0.04	0.04	0.04	0.04	0.05	—	—	—
21	OM	反式-香叶醇	$C_{10}H_{18}O$	1227	0.10	0.09	0.10	0.07	0.06	0.06	0.12	0.10	0.11	0.21	0.20	0.20	0.36	0.42	0.36	0.57	0.50	0.39

（续）

编号	分类	化合物名称	分子式	保留指数	CE-1	CE-2	CE-3	A-1	B-1	C-1	A-2	B-2	C-2	A-3	B-3	C-3	A-4	B-4	C-4	RM-A	RM-B	RM-C
22	OM	香芹酮	$C_{10}H_{14}O$	1249	0.03	—	—	—	0.06	0.06	0.09	0.07	0.07	0.15	0.13	0.13	0.19	0.21	0.16	0.18	0.13	1.96
23	OM	顺式－香叶醇	$C_{10}H_{18}O$	1256	—	—	—	—	—	—	—	—	—	—	—	—	—	—	—	—	—	1.78
24	OM	α-柠檬醛	$C_{10}H_{16}O$	1269	—	—	—	—	—	—	—	—	—	—	—	—	—	—	—	—	—	1.16
25	OM	黄樟油素	$C_{10}H_{10}O_2$	1295	—	—	—	—	0.01	0.02	0.02	0.03	0.05	0.05	0.08	0.08	0.13	0.07	0.22	0.58	0.29	0.88
26	PP	乙酸香茅酯	$C_{12}H_{22}O_2$	1348	—	—	—	—	—	—	—	—	—	—	—	—	—	—	—	—	—	0.56
27	SH	α-荜澄茄油烯	$C_{15}H_{24}$	1354	—	—	—	—	—	—	—	—	—	—	—	—	—	—	—	—	—	1.16
28	PP	乙酸橙花酯	$C_{12}H_{20}O_2$	1367	—	—	—	—	—	—	—	—	—	—	—	—	—	—	—	—	—	1.39
29	SH	依兰烯	$C_{15}H_{24}$	1379	—	—	—	—	—	—	—	—	—	—	—	—	—	—	—	—	—	0.10
30	SH	β-榄香烯	$C_{15}H_{24}$	1396	—	—	—	—	—	—	—	—	—	—	—	—	—	—	—	0.38	0.34	0.57
31	PP	甲基丁香酚	$C_{11}H_{14}O_2$	1400	—	—	—	—	—	—	—	—	—	—	—	—	—	—	—	—	—	0.26
32	SH	α-法尼烯	$C_{15}H_{24}$	1419	—	—	—	—	—	—	—	—	—	—	—	—	—	—	—	—	—	0.64
33	SH	β-石竹烯	$C_{15}H_{24}$	1431	0.26	0.32	0.25	—	0.03	—	—	—	—	—	0.06	0.06	0.09	0.09	0.14	3.38	3.02	2.79
34	SH	木罗烯	$C_{15}H_{24}$	1439	—	—	—	—	—	—	—	—	—	—	—	—	—	—	—	—	—	0.12
35	SH	瓦伦亚烯	$C_{15}H_{24}$	1450	—	—	—	—	—	—	—	—	—	—	—	—	—	—	—	0.40	0.35	0.36
36	SH	蛇麻烯	$C_{15}H_{24}$	1467	0.33	0.33	0.31	—	—	—	—	—	—	—	0.04	0.04	0.09	0.10	0.13	3.96	3.57	3.07
37	SH	香橙烯	$C_{15}H_{24}$	1472	—	—	—	—	—	—	—	—	—	—	—	—	—	—	—	—	—	0.19
38	SH	α-木罗烯	$C_{15}H_{24}$	1487	—	—	—	—	—	—	—	—	—	—	—	—	—	—	—	0.39	0.34	—
39	SH	大根香叶烯 D	$C_{15}H_{24}$	1492	0.12	0.13	0.12	—	—	—	—	—	—	—	—	—	—	—	—	0.91	0.80	5.72
40	SH	δ-芹子烯	$C_{15}H_{24}$	1495	—	0.07	—	—	—	—	0.08	—	—	—	—	—		—	—	0.13	—	—
41	SH	α-愈创烯	$C_{15}H_{24}$	1501	—	—	—	—	—	—	—	—	—	—	—	—	—	—	—	0.67	0.58	0.88
42	SH	花侧柏烯	$C_{15}H_{24}$	1507	0.13	0.13	0.15	—	—	—	—	—	—	—	—	—	—	—	—	1.35	1.27	1.03

（续）

编号	分类	化合物名称	分子式	保留指数	CE-1	CE-2	CE-3	A-1	B-1	C-1	A-2	B-2	C-2	A-3	B-3	C-3	A-4	B-4	C-4	RM-A	RM-B	RM-C
43	SH	δ-杜松烯	$C_{15}H_{24}$	1525	—	—	—	—	—	—	—	—	—	—	—	—	—	—	—	0.46	0.41	0.46
44	SH	菖蒲烯	$C_{15}H_{22}$	1531	—	—	—	—	—	—	—	—	—	—	—	—	—	—	—	0.17	0.15	0.15
45	OS	水合信半香桧烯	$C_{15}H_{26}O$	1548	—	—	—	—	—	—	—	—	—	—	—	—	—	—	—	0.20	0.19	0.33
46	OS	榄香醇	$C_{15}H_{26}O$	1556	—	—	—	—	—	—	—	—	—	—	—	—	—	—	—	0.15	0.16	0.09
47	OS	反式-橙花叔醇	$C_{15}H_{26}O$	1563	1.03	1.17	1.24	0.14	0.14	0.16	0.34	0.30	0.30	0.69	0.66	0.66	2.29	2.76	2.35	36.92	38.03	24.34
48	SH	大根香叶烯 B	$C_{15}H_{24}$	1572	—	0.05	—	—	—	—	—	—	—	—	—	—	—	—	—	0.49	0.47	0.44
49	OS	蓝桉醇	$C_{15}H_{26}O$	1584	—	—	—	—	—	—	—	—	—	—	—	—	—	—	—	0.15	0.13	0.33
50	OS	桉油烯醇	$C_{15}H_{24}O$	1588	—	0.05	0.05	—	0.02	0.02	0.05	0.04	0.05	0.14	0.13	0.13	0.49	0.49	0.42	2.05	2.12	1.57
51	OS	氧化石竹烯	$C_{15}H_{24}O$	1596	0.05	0.08	0.08	—	—	—	—	—	—	0.09	0.10	0.10	0.45	0.33	0.31	2.76	2.63	1.96
52	OS	愈创醇	$C_{15}H_{26}O$	1607	—	—	—	—	—	—	—	—	—	—	—	—	—	—	—	0.71	0.72	0.49
53	SH	α-石竹烯	$C_{15}H_{24}$	1613	—	—	—	—	—	—	—	—	—	—	—	—	—	—	—	0.18	0.16	—
54	OS	β-桉叶醇	$C_{15}H_{26}O$	1620	—	—	—	—	—	—	—	—	—	—	—	—	—	—	—	0.22	0.22	0.63
55	OS	氧化蛇麻烯	$C_{15}H_{24}O$	1623	—	—	—	—	—	—	—	—	—	—	—	—		—	—	1.42	1.41	1.02
56	OS	6-芹子烯-4醇	$C_{15}H_{26}O$	1637	—	—	—	—	—	—	—	—	—	—	—	—	0.06	0.09	0.06	0.61	0.61	0.44
57	OS	白千层醇	$C_{15}H_{26}O$	1646	—	—	—	—	—	—	—	—	—	0.04	—	—	0.10	0.13	0.10	0.58	0.60	0.39
58	OS	t-依兰油醇	$C_{15}H_{26}O$	1655	—	—	—	—	—	—	—	—	—	—	—	—	—	—	—	0.48	0.49	0.16
59	OS	α-毕橙茄醇	$C_{15}H_{26}O$	1667	—	—	—	—	—	—	—	—	—	—	—	—	0.04	0.05	0.04	0.35	0.39	0.26
60	OS	桧脑	$C_{15}H_{26}O$	1671	—	—	—	—	—	—	—	—	—	—	—	—	0.12	0.15	0.13	0.64	0.74	0.52
61	OS	异愈创木醇	$C_{15}H_{26}O$	1677	—	—	—	—	—	—	—	—	—	—	—	—	—	—	—	0.19	0.12	—
62	OS	α-香柠檬醇	$C_{15}H_{24}O$	1685	—	—	—	—	—	—	—	—	—	—	—	—	—	—	—	—	0.24	—
63	OS	韦得醇	$C_{15}H_{26}O$	1689	—	—	—	0.09	0.08	0.08	0.10	0.08	0.12	0.08	0.09	0.09	0.06	0.07	0.06	—	0.12	0.12

（续）

编号	分类	化合物名称	分子式	保留指数	CE–1	CE–2	CE–3	A–1	B–1	C–1	A–2	B–2	C–2	A–3	B–3	C–3	A–4	B–4	C–4	RM–A	RM–B	RM–C
64	OS	氧化香橙烯	$C_{15}H_{24}O$	1696	—	—	—	—	—	—	—	—	—	—	—	—	—	—	—	—	0.15	—
65	OS	柏木烯醇	$C_{15}H_{24}O$	1703	—	—	—	—	—	—	—	—	—	—	—	—	—	—	—	0.20	0.20	0.14
66	OS	金合欢醇	$C_{15}H_{26}O$	1719	—	—	—	—	—	—	—	—	—	—	—	—	—	—	—	—	0.16	0.12
67	OS	3–甲基–2 丁烯酸–1,7,7–三甲基–双环［2.2.1］庚–2–乙酸酯	$C_{15}H_{24}O_2$	1729	0.56	0.63	1.06	1.08	0.97	0.86	0.98	0.84	1.30	0.68	0.77	0.77	0.56	0.62	0.54	0.30	0.45	—
鉴定成分总数量（种）					23	30	21	15	22	19	18	17	17	19	20	20	23	21	25	36	42	49
鉴定成分总含量					99.77	99.98	99.61	99.79	99.96	99.93	99.89	99.98	99.89	99.91	99.96	99.96	99.66	99.85	99.78	99.59	99.89	98.61
单萜烯（MH）总含量					0.31	0.78	0.02	—	0.04	—	—	—	—	—	—	—	—	—	0.16	0.17	0.59	0.87
含氧单萜（OM）总含量					96.98	96.24	96.33	98.48	98.68	98.81	98.34	98.72	98.12	98.19	98.11	98.11	95.31	94.97	95.34	38.62	37.96	44.94
倍半萜烯总含量（SH）总含量					0.84	1.03	0.83	—	0.03	—	0.08	—	—	—	0.10	0.10	0.18	0.19	0.27	12.87	11.46	17.68
含氧倍半萜（OS）总含量					1.64	1.93	2.43	1.31	1.21	1.12	1.47	1.26	1.77	1.72	1.75	1.75	4.17	4.69	4.01	47.93	49.88	32.91

注：保留指数根据正构烷烃（C_7~C_{30}，C_{10}~C_{20}）在 SH–RXI–5SILMS 色谱柱检测并计算；“—”表示未检出。

由结果可知，对比组精油的主要化学成分与采用浸渍前处理组所得精油的主要化学成分相似。通过进行比较分析，随着浸渍次数的增加，精油中芳樟醇相对百分含量呈现先增加后下降的趋势。同时，精油中反式－橙花叔醇相对含量呈现不断增加的趋势。同时，黄樟原材料在第二次和第三次浸渍预处理中，可以得到较高芳樟醇含量的精油组分，其含量可达 96.00% 以上。

同时，由表 4-3 可知，在不同批次的浸渍预处理试验中，精油中 9 种常见的萜类化合物含量变化情况。其中芳樟醇含量 35.61%~96.57%，樟脑含量 0.13%~1.27%，天然龙脑含量 0.05%~7.09%，α-松油醇 0.17%~0.50%，反式-香叶醇含量 0.06%~0.57%，香芹酮含量 0.03%~1.96%，反式-橙花叔醇 0.14%~38.08%，桉油烯醇含量 0.02%~2.12% 和 3-甲基-2-丁烯酸 -1，7，7- 三甲基 -双环［2.2.1］庚-2-乙酸酯 0.30%~1.30%。

由表 4-4 结果可知，不同预处理次数下获得的精油中主成分含量存在显著差异。与对照试验所得的精油中含氧单萜量 96.24%~96.98% 相比，浸渍前处理试验中，随着浸渍次数的增加，浸渍预处理所得精油中含氧单萜的相对百分含量没有显著变化，精油中含氧单萜含量范围 94.97%~98.81%。为了比较浸渍预处理试验，随着浸渍次数的增加，精油中含氧单萜的含量下降缓慢。此外，倍半萜烯（SH）和含氧倍半萜（OS）在精油中相对百分含量无明显变化。此结果表明，浸渍预处理不改变精油成分。但是，含氧单萜、倍半萜烯和含氧倍半萜的含量和浸渍剩余物精油中化学成分组成发生了显著的变化，其中含氧单萜含量显著降低，倍半萜烯和含氧倍半萜含量显著提高。同时，相比较浸渍处理获得的精油组分，浸渍剩余物精油中多检测出 30 种化合物，其中 5 种化学成分含量超过 1.00%，分别是：顺式-香叶醇、α-柠檬醛、α-荜澄茄油烯、乙酸橙花酯和氧化蛇麻烯。

表 4-4　不同浸渍次数下精油主成分含量变化情况　　%

批次编号	含氧单萜	倍半萜烯	含氧倍半萜	芳樟醇	龙脑	反式-橙化叔醇
对照	96.52[ab]	0.09[b]	2.00[b]	93.58[b]	0.03[b]	1.15[b]
一浸渍次	98.66[a]	0.01[b]	1.21[b]	94.26[b]	0.06[b]	0.15[b]
二浸渍次	98.39[a]	0.27[b]	1.50[b]	96.42[a]	0.06[b]	0.31[b]
三浸渍次	98.14[ab]	0.07[b]	1.74[b]	96.50[a]	0.07[b]	0.67[b]

（续）

批次编号	含氧单萜	倍半萜烯	含氧倍半萜	芳樟醇	龙脑	反式–橙化叔醇
四浸渍次	95.21[b]	0.21[b]	4.29[b]	86.83[c]	6.01[a]	2.47[b]
剩余物	40.51[c]	14.00[a]	43.57[a]	36.28[d]	0.89[b]	33.10[a]

注：表中同列不同字母表示处理间差异显著（$P < 0.05$）。

对比试验中，精油中芳樟醇、龙脑和反式–橙花叔醇含量分别为 93.58%、0.03% 和 1.15%。表 4–4 所示分析统计结果表示了各组分精油中化学成分组成与对照试验含量的差异，以及不同浸渍次数下，精油化学成分组成的差异。随着浸渍前处理次数的增加，第一次浸渍预处理后精油中芳樟醇含量无明显变化，但第二次和第三次浸渍预处理后，精油中芳樟醇含量呈现显著增加的趋势，此条件下精油中芳樟醇含量最高可达 96.00% 以上。原材料经过第四次浸渍前处理后，精油中芳樟醇含量显著下降，且浸渍剩余材料精油中芳樟醇含量显著下降，此时，精油中芳樟醇含量仅为 36.28%。而随着浸渍前处理次数的增加，龙脑在精油中的含量在三次浸渍前处理前，基本保持不变，其相对百分含量 0.03%~0.07%。经过四次浸渍前处理后，精油中龙脑含量呈显著增加的趋势，达 6.01%，同时浸渍剩余物精油中龙脑含量可达 0.89%。同时，原材料在浸渍过程中，精油中反式–橙花叔醇含量基本保持不变，其相对百分含量为 0.15% 到 2.47%，而浸渍剩余物精油中的反式–橙花叔醇含量显著增加，可达 33.10%，此结果可为黄樟精油中反式–橙花叔醇的分离纯化提供研究手段。

4.1.3.3　结论与讨论

应用改进的“浸渍前处理结合水蒸气蒸馏法”，以右旋芳樟醇型黄樟为原材料提取精油，研究此方法对精油得率和精油化学成分组成的影响。结果表明，与传统水蒸气法相比较，在不考虑操作过程中物料损失的前提下，经过四次浸渍处理后，精油提取率可达 95.00% 以上。与传统水蒸气蒸馏方法相比较，随着浸渍次数的增加，精油中第一主成分芳樟醇含量在三次浸渍前处理后先增加后降低，其中第二次和第三次浸渍预处理后，精油中芳樟醇含量最高。同时，随着预处理次数的增加，精油中龙脑含量在第四次浸渍处理后显著增加。而在浸渍预处理过程中，精油中反式–橙花叔醇含量基本保持不变，但在浸渍剩余物精油中显著增加。

黄樟原材料在浸渍处理过程中，精油中含氧单萜含量显著降低，倍半萜烯和含氧倍半萜含量显著增加。说明采用浸渍前处理方法，一方面有利于获得较高含量主成分的精油组分，另一方面也有利于获得不同化学成分组成的精油组分，进而有利于精油中萜类成分的开发与利用。

本方法与传统水蒸气蒸馏法相比较，在物料的操作处理过程中，原材料的浸渍处理过程和精油的水蒸气蒸馏可分开进行。对于开发连续化工艺路线提供了研究思路，因此，此方法可以有效地促进提高工业化生产的安全性、连续性和便捷性。

4.1.4 黄樟精油提取技术标准

江西拥有全球最大的天然芳樟醇生产加工基地，目前江西的鹰潭、吉安、金溪等地正大力发展右旋芳樟醇型黄樟人工林种植，发展势头强劲。遗憾的是，植物精油利用作为一个新兴产业，在资源培育、精油提取和鉴定等产业重要环节缺乏有约束性的技术标准（规程），造成了同一类产品生产工艺和技术参数的不一致，严重削弱了产品的市场竞争力，制约了产业做强做大。目前，黄樟精油原料林培育主要采用矮林作业模式，在原材料培育、枝叶采集时间、采集方式、精油提取等关键性环节亟需技术标准（规程）进行规范，以便形成统一的产品技术标准，提高我国植物精油产品国际市场竞争力。

《黄樟精油提取技术标准》主要规范了生产上亟需解决的下面几方面问题：①原料林的收割时间和方式。合理的原料林收割时间与收割方式，对于黄樟的矮林化作业与种植的持续性具有重要的影响，选择合适的矮林化收割时间，单株次年成活率可达到98.0%以上。过早的收割时间，可有效保证苗木的成活率，但精油得率及成分含量不理想。选择过晚收割时间，大量苗木会在冬季冻死，严重影响苗木成活率。②取样方式。合理的取样方式对于客观反映样本精油含量及化学成分具有重要影响，进而影响优良单株的筛选工作，即使同一单株，不同部位精油得率及化学成分组成也存在显著的差异；③提取工艺及设备。水蒸气蒸馏提取工艺及提取设备，对于精油得率以及化学成分组成具有显著影响，与传统油水蒸气共出料方式相比较，采用油水蒸气共回流出料模式下，精油得率提高30%~50%。

4.1.4.1 范围

本技术标准规定了黄樟精油提取技术中原材料的采集时间、采集方式、保存方式、精油提取工艺等参数、精油检测、精油存储方式等内容。

本技术标准适用于水蒸气蒸馏法提取黄樟精油。

4.1.4.2 规范性引用文件

下列文件中的内容通过文中的规范性引用而构成本文件必不可少的条款。其中，注日期的引用文件，仅该日期对应的版本适用于本文件；不注日期的引用文件，其最新版本（包括所有的修改单）适用于本文件。

GB/T 11538—2006 精油 毛细管柱气相色谱分析 通用法

GB/T 30385 香辛料和调味品 挥发油含量的测定

QB/T 2240 芳樟醇（单离）

DB36/T 891 大叶芳樟精油

4.1.4.3 术语和定义

下列术语和定义适用于本文件

（1）黄樟精油［Essential oils from *Cinnamomum parthenoxylon*（Jack）Meisner］

本技术规程中的黄樟精油指黄樟枝叶原材料，经水蒸气蒸馏法加工而获得的天然精油中主成分是芳樟醇，化学类型分类为右旋芳樟醇型。

（2）精油提取率（Essential oils yield）

采用水蒸气蒸馏法得到的精油质量与新鲜原材料质量的百分比。

（3）芳樟醇相对含量（Relative content of Linalool）

精油经 GC 检测，采用外标法结合峰面积归一法，计算芳樟醇在精油中的相对百分含量，用百分比表示。

4.1.4.4 原料采集

（1）采集时间

选择每年 9~10 月进行。

（2）采集部位及方式

采用矮林作业方式，伐兜保留 20~40cm。

（3）原材料称重及保存

将收割的原材料进行捆扎、称重（精确至 0.1kg）、标记，并放置于干燥阴凉处保存。

4.1.4.5　精油提取

（1）原理

水蒸气蒸馏法提取精油原理：植物通入高温水蒸气，使其油细胞中的芳香成分向水中扩散或溶解，并与水汽一同共沸馏出，经油水分离即可得直接精油和纯露。其适用于具有挥发性的、能随水蒸气蒸馏而不被破坏、与水不发生反应且难溶或不溶于水的成分的提取。

（2）工艺流程

黄樟精油提取采用下图 4–2 进行：工艺流程中主要由蒸气发生单元、加料单元、出料单元三个单元组成，其中蒸气发生单元主要由加热釜等仪器设备组成；加料单元主要由加料釜等仪器设备组成，出料单元主要由冷凝水系统、油水分离器和纯露收集器等仪器设备组成。

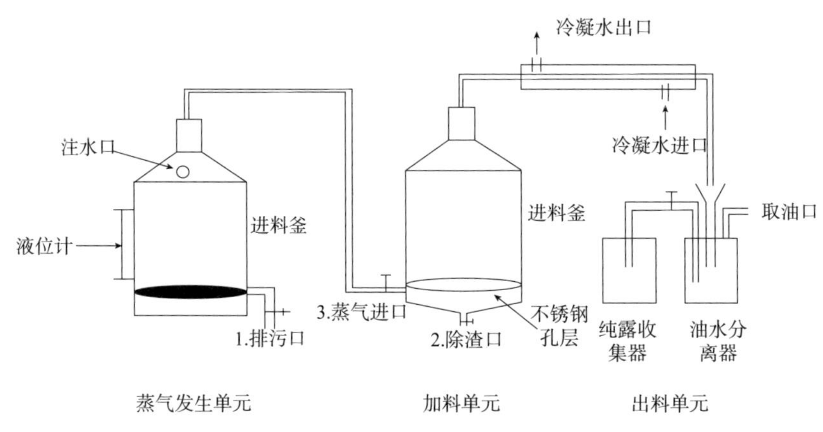

图 4–2　黄樟精油提取工艺流程

4.1.4.6　仪器和设备

①不锈钢加热釜：配置液位计，高低液位相差 1.5~2.0m;

②不锈钢油水分离器：容量 10~20L ;

③不锈钢冷凝器：卧式冷凝;

④不锈钢进料釜：批处理原料量 100~200kg;

⑤秤：精度 0.1kg 和 0.001kg。

4.1.4.7　水蒸气蒸馏工艺

（1）检查

开启前对所有蒸气发生单元、加料单元、出料单元中所有釜体、管路、阀门、设备、仪表进行检查，确保所有釜体、管路清洁，及其相关附属阀门、设备、仪表使用正常，并确保体系气密性良好。检查冷凝水系统，确保冷凝系统中进水口及出水口管路正常。

开启前操作人员做好相应防护措施，确认排污口阀门和除渣口阀门为关闭状态，蒸气进口阀门和纯露出口阀门为开启状态。

（2）进料

开启加料单元中进料釜盖，投入原材料，压实并盖好釜盖，确保釜体气密性良好。

（3）加热釜注水

开启蒸气发生单元中加热釜上注水口，向釜内注水，注水高度至液位计高液位以下 0.2~0.5m，关闭注水口。

（4）蒸气发生

对蒸气发生单元中加热釜加热，使釜内水沸腾产生蒸气，压力不超过 0.1MPa。加热过程中实时监控加热釜体液位变化，及时开启注水口补水，确保釜体内水位不高于高液位以下 0.2m，不低于低液位以上 0.2m。通过监控进料单元温度变化情况和出料单元的出料情况，及时调整加热速度。

（5）精油出料

①冷凝系统开启

采用常压水蒸气蒸馏法提取黄樟精油，当加热单元中进料釜顶温升至 60~70℃时，打开冷凝水系统。

②出料控制

开始出料后，通过控制加热釜的加热速度，控制出料速度 0.1~0.5L/min，保持 10~30min，冷凝水温度保持不高于 30℃。通过提高加热釜的加热速度，保持出料速度稳定于 1~2L/min，持续蒸馏 2~3h，冷凝水温度可适当提高至 30~40℃。当冷凝水温度超过 40℃时，降低加热釜的加热速度，直至冷凝水温度稳定于 40℃以下。

③出料监控

精油提取过程中，每隔 10~15min 对出料情况取样监控，每次取样量 0.2~0.5L，静置 2~5min 观察油水分离情况，无精油蒸出后，加热釜停止加热。

（6）精油收集

油水分离器收集的油水混合物，静置 2~5min，分层，从取油口分出上层精油。称重记为 W_1（精确至 0.001kg），阴凉处密封保存。

（7）纯露循环利用

油水分离器充分静置后分出的下层水层与蒸出的纯露合并入纯露收集器，转入下一批次加热釜内循环利用，也可用于同批次加热釜内补水。

（8）降温及退料

无出料且加料釜顶温降至 70℃以下时，关闭冷凝水进口与冷凝水出口。

蒸气发生单元和加料单元温度降至 40℃以下时，打开进料釜盖，取出剩余物，打开除渣口阀门，清洗釜体。打开加热釜底部排污口阀门，清洗釜体。

4.1.4.8　精油提取率计算

精油提取率按以下公式进行计算：

$$X=\frac{W_1}{W_0}\times 100$$

式中：X 表示提取率，单位为 %；W_1 表示精油质量，单位为 kg；W_0 表示原材料质量，单位为 kg。

4.1.4.9　右旋芳樟醇含量测定

（1）检测仪器

依据 GB/T 11539—2008 选择气相色谱仪，采用弱极性色谱柱，色谱柱规格：30m × 0.25mm × 0.25 μm，FID 氢火焰检测器。

（2）取样

依据 QB/T 2240—2010 中相关规定执行。

（3）检测方法

依据 GB/T 11539—2010 相关规定执行。芳樟醇含量以 C 记。

（4）产品分级

根据精油提取率（X）和芳樟醇相对含量（C）对产品进行分级，见表 4–5。

表 4–5　精油提取率和芳樟醇含量分级

分级	评价指标
提取率Ⅰ级	$X \geqslant 1.0\%$
提取率Ⅱ级	$0.9\% \leqslant X < 1.0\%$

（续）

分级	评价指标
提取率Ⅲ级	$0.8 \leqslant X < 0.9\%$
提取率Ⅳ级	$X < 0.8\%$
芳樟醇含量Ⅰ级	$C \geqslant 90.0\%$
芳樟醇含量Ⅱ级	$85.0\% \leqslant C < 90.0\%$
芳樟醇含量Ⅲ级	$80.0\% \leqslant C < 85.0\%$
芳樟醇含量Ⅳ级	$C < 80.0\%$

4.1.4.10　档案建立

档案包括以下几方面内容：

①原材料收割地点、时间；

②精油提取地点、时间；

③精油提取率；

④精油 GC 检测报告。

4.1.4.11　标签、包装、储存及运输

（1）标签

产品外包装贴上标签，并注明产品名称、生产日期与保质期、生产厂家、生产地址、产品批号、产品重量、芳樟醇含量等信息。

（2）包装

按照 QB/T 2240—2010 相关规定执行。

（3）储存

产品储存于阴凉、干燥、通风的仓库内，远离火源，避免污染。

（4）运输

按照 QB/T 2240—2010 相关规定执行。

4.2　精油其他提取技术

4.2.1　超临界二氧化碳萃取

超临界萃取法是一种新型萃取技术，该技术是利用二氧化碳在一定压力温度下处于超临界状态，利用超临界二氧化碳萃取植物中的精油成分，而后再使压力温度改变，气体挥发，提取出精油。此方法一般分为提取和分离两个过程，

第一步是将萃取釜中挥发油利用超临界流体提取出；第二步是利用一些物理方法或通过改变工艺参数，使提取的天然成分从流体中分离，流体进行循环再利用。

超临界萃取技术，在萃取过程中，通常需要控制萃取温度和萃取压力，以调节流体密度，达到对不同组分进行萃取的目的，但工艺参数还需要考虑萃取时间、夹带剂及物料类型等因素的影响。在分离过程中，可通过调节温度和压力，将超 临界流体变为普通液体或气体，以改变目标提取物的溶解度，使其分离出来。目前，可用作超临界流体进行萃取的溶剂主要有：二氧化碳、乙烯、丙烯、异丙醇、甲苯等。其中二氧化碳临界温度为 304K（31℃），基本接近室温，因此操作环境要求低，相对能耗小，临界压力 7.4MPa，对设备要求相对较低。此外，二氧化碳作为惰性气体，无毒无害，具有着火点高、无腐蚀性、易于纯化、不与目标成分发生氧化反应，以及可回收循环利用等诸多优势（李雪萌等，2020）。超临界二氧化碳萃取法广泛应用于植物天然精油的提取。

目前，樟树、黄樟等主要樟科植物天然精油的提取主要以传统水蒸气蒸馏方法为主，超临界二氧化碳技术应用依然较少，尤其因成本高，而在规模化生产中未推广应用。根据目前可查文献资料，缪菊连等采用超临界二氧化碳萃取云南香樟叶中右旋龙脑，优选的最佳工艺萃取提取率为 1.45%（缪菊连等，2011），天然精油在得率方面高于传统水蒸气蒸馏法，但是精油中目标主成分含量低于水蒸气蒸馏法，可能的原因是超临界萃取过程中，部分杂质在提取过程中被带出。

4.2.2 亚临界萃取

亚临界萃取技术作为新兴的天然产物提取技术，已广泛应用于植物天然精油、动植物油脂、天然色素、天然多糖与多酚等产品应用。“亚临界”状态是相对于“超临界”状态的一个概念，亚临界状态一般是指物质处于其沸点温度以上，临界温度以下，通过增加压力使其处于液体时的流体状态，处于该状态的物质又可称为加压液体或压力液体（王健松等，2017）。

对于不同萃取溶剂，处于亚临界状态的流体表现出不同于其他形态的特殊性能，如：1,1,1,2- 四氟乙烷亚临界的黏度系数小于其超临界状态，扩散系数大于其超临界状态；亚临界状态下，随着温度的升高，亚临界水的氢键被打开或减弱，使水的极性大大降低，由强极性渐变为非极性；亚临界状态存在的流体分子黏度较小、扩散性能增强、传质速度加快，对天然产物中弱极性以及非极性物质的渗透性和溶解能力显著提高。可用作亚临界萃取剂的物质较多，常见的一些亚临界萃取溶剂及其物理特性见表 4–6 所列。

表 4–6　常见亚临界萃取剂及其物理性质

物理性质	丙烷	丁烷	1,1,1,2– 四氟乙烷	水
沸点（℃）	–42.1	–0.5	–26.2	100
20℃蒸气压（MPa）	0.85	0.23	0.6	0.003
25℃密度（g/mL）	0.49	0.57	1.2	1.0
临界温度（℃）	96.7	152.0	101.1	374.2
临界压力（MPa）	4.26	3.80	4.07	22.1
介电常数	1.61	1.76	9.5	80.10
可燃性	可燃	可燃	不燃	不燃
性状	无色无臭	无色有轻微气味	无色无味	无色无味
常用工作压力（MPa）	2.5~12	0.2~0.6	0.9~12	5~20
常用工作温度（℃）	30~60	18~50	30~80	120~240

4.2.3　同时蒸馏萃取

同时蒸馏萃取法（SDE）是一种新兴的天然精油提取方式（晏芳，2021），其原理是利用样品蒸气和萃取溶剂的蒸气在密闭装置中充分混合，利用蒸馏的方式，各成分在沸点附近蒸出，蒸馏时混合物的沸点将保持不变，挥发性成分首先被蒸馏出来，然后和萃取剂在冷凝管上完成萃取，根据萃取剂与水比重的差异将两者分开，最后回收萃取液，得到提取的精油。

SDE 优点是将水蒸气蒸馏和馏分的溶剂萃取两步过程合二为一，可把 mg/L 级的挥发性有机成分从脂质或水质介质中进行浓缩，与传统的水蒸气蒸馏方法相比，减少了步骤。此方法获得的挥发油存在于有机溶剂中，能有效避免常规蒸馏法提取精油时在器壁上吸附损失及转移微量精油时的物料损失，可节约大量溶剂，缩短萃取时间，简化设备。SDE 对提取植物中沸点较高的挥发性、半挥发性精油时更为有效，对水溶性成分的提取率会有所降低。

SDE 原理是：当与水不相溶的物质和水一起存在时，整个体系的蒸气压力根据道尔顿分压定律应为各成分蒸气压之和。因而在低于各组分沸点时各组分被蒸馏出来，蒸馏时混合物的沸点保持不变，直至其中一成分几乎全部移去

（体系总蒸气压与混合物中二者之间的相对量无关），温度才上升到滞留在瓶中液体的沸点。主要操作方法是：将植物原材料置于圆底烧瓶中，以一定料液比加入蒸馏水，接入同时蒸馏萃取装置的一端，圆底烧瓶控温 100~105℃，使圆底烧瓶中溶液保持沸腾状态。另取一定量有机溶剂（二氯甲烷、乙酸乙酯、正己烷等）加到圆底烧瓶中，接至同时萃取装置的另一端，控温加热使体系中溶剂处于回流状态，持续蒸馏一定时间，获得天然精油。

4.2.4 微波、超声萃取

微波萃取法（microwave extraction，ME）是利用一种波长极短、频率很高的辐射能来加热物料，由于植物组织内部的水是极性分子，能吸收微波透过介质的能量，使物料内部温度突然升高。植物精油储存于油细胞中，由于微波辐照产生的热能仅限于植物维管束组织的内部，所以在植物的维管束和腺细胞系统中升温更快，并且能保持此温度直至其内部压力超过细胞壁膨胀的能力，致使油细胞破裂，位于其中的天然精油物质就从细胞壁流出、传递、转移至周围的萃取介质中（赵华等，2005）。微波萃取法具有穿透力强、选择性高、加热能力强等特点，可获得高的萃取速度、萃取效率及较好的萃取质量，是一种很有潜力的新型萃取技术。微波萃取法提取植物精油的步骤是：首先将新鲜待测样品原材料粉碎至一定规格，提取容器中一定料液比加入原材料和水，体系置于微波反应器中，设置功率、反应时间等参数，反应结束后，收集精油收集器中的油水混合物，静置分层后获得天然精油。

微波辅助水蒸馏提取是将微波萃取技术与水蒸气蒸馏法相结合的一种新型提取技术，与传统水蒸气蒸馏的区别在于加热源不同。此法采用微波加热，主要的优点是：装置简便、使用范围较广、提取速率快、提取率高、重现性较好，可有效缩短提取时间、降低能耗、对环境友好，适用于天然植物精油的提取。

超声萃取法（ultrasonic extraction，UE）是用高频率的振动波产生的强烈振动、高加速度、利用强烈空化效应和搅拌作用等，不断地将提取物从原物料轰击出来，使其充分分离，加速浸取速率以达到高效提取的目的（付晓等，2022）。超声波辅助提取法可以增加所萃取成分的产率，缩短萃取时间，并且有工艺简单、操作速度快、成本低、减少溶剂污染、低温萃取保留活性成分等优点。超声萃取法提取植物天然精油的方法与微波萃取法相类似。

4.2.5　冷榨法

冷榨法也是植物天然精油提取的一种方法，据可查资料，利用压榨法生产天然精油最主要的柑橘精油，采用冷榨法制备天然精油，其所得的精油有较佳的气味，可保持天然产品特有的香气，而压榨后产生的残渣废弃物仍可用水蒸气蒸馏法提取残留部分精油，压榨法广泛应用于工业大规模连续生产柑橘天然精油（苏晓云，2010）。

压榨法是目前香精香料行业公认的最有利于保护产品原始香气的提取方法。压榨法通过物理方法破坏油细胞而获得精油，有效保留了材料中的挥发性成分，尤其是含氧萜类化合物。因此冷榨法得到的精油香气还原度最强，是名贵化妆品、香水香精调配受欢迎的原料。冷榨法具有操作简单、对工艺要求相对不高、设备成本投入较低等优势，但也存在着得油率低，原材料损失大等诸多问题。

冷榨法全程无热源，因此可以保证植物天然精油中大量的热敏性萜烯成分得到最大程度的保留，如精油中的柠檬醛、香茅醛等萜类等受热不稳定物质。冷榨法避免了因为热能促使精油挥发或是活性成分遭受破坏，能够保持精油的香气特征，符合绿色环保理念。

第5章 黄樟精油高值化利用

植物天然精油具有来源广泛和毒性小的特点，是一种富有潜力的生物资源，随着各种分离和检测技术的不断进步，植物精油的组成、结构和功能日趋明朗化，它必将会在医药、保健品、病虫害防治、食品、环保等方面具有更大的应用和开发空间。樟科植物天然精油具有杀菌消炎、美容护肤等作用，黄樟作为最重要的樟科植物之一，由于化学型丰富，其天然精油还具有补水美白、抗氧化等作用（Kitic et al. 2004；裘炳毅，1997），因此，黄樟精油被广泛应用于食品、日用化工、化妆品等多个领域。

黄樟精油具有樟科植物精油的典型特性，其有望在以下几方面具有较广泛的应用：①生物医药。植物精油对皮肤和结缔组织、神经系统、淋巴循环、动静脉循环系统、脑脊髓神经组织、脏腑、内外分泌腺及心理健康均有医疗保健功效。②食品行业。食品添加剂工业已成为现代化食品工业的基础工业之一，人工合成的化学品在食品中使用和滥用，给人类健康带来威胁，天然食品添加剂被寄予厚望，开发天然、营养、多功能的食品添加剂是食品工业的发展方向。③植物保护。常规化学防治带来的害虫抗药性及农药残留导致巨大经济损失和生态环境的恶化，开发植物精油源农药有望成为“无公害农药”。在害虫的引诱及趋避作用、拒食作用、毒杀作用等方面发挥功效。④日化产品、化妆品行业。自 19 世纪植物精油的发现，天然精油的利用研究就与日化产品、化妆品等紧密联系在一起。植物天然精油除赋香功能外，其生物活性被充分利用来提高产品质量和开发各种功能性产品。

黄樟精油作为高档天然赋香产品，其最重要且最广泛的应用领域是日用化工、美容化妆品等领域。作为重要的天然产物，黄樟精油可用作化妆品、日化和洗涤用品的添加剂。研究发现，黄樟精油中的萜类芳香成分能够达到延缓衰老的作用。某些化学型精油中的有效成分还具有淡化斑点、改善皮肤干燥、促进人体黑色素分解、恢复皮肤弹性与嫩滑等功效。某些化学型精油具有较强抗氧化力，还具有消毒、灭菌、抗皮肤老化，减少日光中的紫外线辐射对皮肤的损伤等功效。还可以阻挡紫外线和清除紫外线，诱导自由基，从而保护黑色素细胞的正常功能，抑制黑色素的形成。

根据全球著名香精香料生产企业芬美意公司的调查显示，在全球健康问题大流行的环境下，约72%的受访人士表示会出现恐惧情绪，约69%受访人士表示会出现焦虑情绪。疫情之下，口罩背后，香味除作为个人气质标签的重要符号之外，在感受上还能使人内心宁静、带动积极情绪的产生。2021年1月1日起施行的《化妆品监督管理条例》中就提到“鼓励和支持运用现代科学技术，结合我国传统优势项目和特色植物资源研究开发化妆品”。作为重要的香料原材料，黄樟精油在实现美好香气的同时，还能赋予丰富的功能性（尹德航，2022；刘颖慧，2022），开发黄樟精油源产品具有重要的研究意义。

5.1 黄樟精油性质、功效及应用技术

5.1.1 黄樟精油性质

精油是基于天然植物的次生代谢物，黄樟精油与其他植物精油理化性质相似（龚盛昭等，2014；Yang et al.，2018）。黄樟精油具有以下理化性质：①分子量较小，能够和水一同蒸馏，另外还有着较好的挥发性，在常温下易挥发，纸张上不留痕迹；②有特殊而强烈的气味，常温下多为液体，部分化学型精油常温下呈固体（如：樟脑型、龙脑型等）；③具有较高的折光率和旋光度，部分化学型精油具有光学活性；④密度0.850~1.065g/cm^3，大多密度比水小，但部分化学型精油密度比水大（如：甲基异丁香酚型、黄樟油素型等）；⑤易溶于各种有机溶剂，水溶性小，在高浓度强极性溶剂中溶解性较好，在弱极性溶剂（如石油醚、环已烷等）中可以快速溶解；⑥环境敏感性较强，精油对空气、日光及温度的影响比较敏感，易分解变质；⑦沸点一般处于70~300℃，具有随水蒸气蒸馏的特性，某些化学型精油在常温下可析出固体成分。

5.1.2 黄樟精油日化用功效

5.1.2.1 赋香与抗焦虑

黄樟精油的主要成分是萜类化合物，主要由易挥发的芳香性萜类成分组成，从而赋予了精油独特的香气。不同化学型精油组成不同，因此赋予的香气又有所差异。精油中部分萜类化合物是形成芳香前体化合物，可分解、释放芳香物质，因此赋予了黄樟精油浓郁的香气。

近年来，植物精油通常用于芳香疗法来缓解焦虑症状。芳香物质通过鼻腔吸入，促使嗅觉细胞产生信号，透过各层嗅觉阀抵达大脑嗅觉区，从而产生镇定和放松的效果。与合成香料相比较，天然精油的副作用更少，使用方式更多样化，包括吸入和服用。也有研究认为植物精油具有调节情绪和缓解失眠的作用，其中主要的功能性化学成分是醇类和萜烯类（秦钰慧，2007；苏哲，2021）。

5.1.2.2 防虫与趋避

精油由于天然具有芬芳气味，且本身无毒性，能够对害虫进行较好的抑制杀灭与趋避。由于天然产物特有优势，被广泛应用于防虫剂的制作。化学农药的使用对人体健康和环境产生了巨大威胁，而从植物中提取的精油不仅在杀虫方面能力十分突出，也不存在化学农药的危害。国内外对精油防治杀灭害虫的研究也越来越多。已有研究报道表明，天然精油防治害虫作用方式多种多样，用于防虫与趋避时，主要起到杀卵、抑制繁殖等作用。植物精油中的芳樟醇、松油醇、香叶醇、柠檬醛等萜类成分都能够有效地杀灭害虫，对多种害虫都有着较为明显的防治与趋避效果。

5.1.2.3 美白

美白作用是日用护肤产品的重要功效。黑色素的异常沉积容易导致皮肤的暗黄、雀斑和老年斑等形成，酪氨酸酶是参与细胞黑色素形成过程中的一种重要的限速酶，抑制黑色素沉积的关键途径是抑制酪氨酸酶活性。植物天然精油可有效抑制调节色氨酸（TRP-1 和 TRP-2）的表达水平和蛋白激酶的信号传导，具有降低酪氨酸酶活性的作用。黄樟不同化学型精油中的甲基丁香酚、甲基异丁香酚、芳樟醇、反式-橙花叔醇以及部分萜烯化合物可以有效抑制黑色素合成途径中的氧化还原反应，同时通过清除体内的自由基，消耗黑色素合成需要的自由电子，有效抑制黑色素的产生。

植物天然精油可以作为天然酶抑制剂，黄樟精油中的丁香酚类化合物对B16细胞中酪氨酸酶具有较好的抑制效果，且有明显的剂量依赖性。柠檬醛、D-柠檬烯、β-蒎烯等萜烯和含氧萜类化合物，对酪氨酸酶具有较好抑制作用。

5.1.2.4　祛痘保湿

保湿在缓解皮肤粗糙和改善皮肤弹性方面发挥着重要作用，是皮肤护理类化妆品的基本功能。精油保湿特性主要表现为三个方面：一是精油对人体皮肤具有亲和性，能迅速渗透皮肤底层，增强表皮结合水分的能力；二是精油涂抹于表层可以有效防止水分的蒸发，从而减缓皮肤角质层的水分损失；三是精油具备清除自由基、抗氧化功效，对表皮层基质降解酶有抑制作用，延缓了角质层的脱落，使皮肤保持充足的水分供应。

5.1.2.5　抑菌消炎

黄樟精油的抑菌消炎作用主要表现在以下几个方面：一是黄樟主要化学型精油中的有效成分芳樟醇、桉叶油素、樟脑、龙脑等，具有抑制肿瘤细胞和限制促炎症因子白细胞介素的作用，同时抑制超敏反应来降低疼痛感，达到消炎止疼的作用；二是抑菌作用，由于精油的疏水性，可有效使细胞膜中的磷脂双分子层和线粒体隔离，改变细胞膜渗透性，三磷酸腺苷合成减少，从而表现出优异的抑菌性。

炎症被认为是许多疾病的主要促成因素。黄樟精油中天然右旋龙脑和樟脑等成分具有典型的体外抗炎活性，可以通过减少脂多糖诱导的细胞中一氧化氮、肿瘤坏死因子和白介素-6等炎症因子的释放，而发挥抗炎作用。

5.1.2.6　抗氧化与保鲜

天然精油的抗氧化作用机制主要有两种作用方式，一是直接参与抗氧化反应，在反应过程中被化学修饰或消耗，起到防止或中止反应的作用；二是抗氧化活性物质能诱导保护细胞的蛋白形成，如过氧化氢酶、硫氧还蛋白还原酶、超氧化物歧化酶等，提高细胞抗氧化能力。

作为抗氧化剂，天然精油可以延长食品保质期，生物系统自身不断产生自由基和其他活性氧，抗氧化剂可以消除这些自由基，防止氧化重要的细胞成分。由于精油具有良好的自由基清除作用，可在食品和生物医药行业发挥重要作用。

5.1.2.7 防晒与抗衰老

皮肤组织长期暴露于紫外线辐射下极易引起皮肤损伤和皮肤疾病，使用防晒霜是有效防治紫外线辐射的手段之一。精油的防晒与抗衰老机理主要是利用其抗氧化性能，通过与自由基团结合产生稳定的化合物，抑制自由基团对油脂类组织的氧化作用，保护皮肤免于光损伤。精油中大量的活性基团具备保护细胞中脱氧核苷酸的性能，提升细胞抵抗紫外线辐射能力。萜类化合物具有很强的抗氧化性，与常采用的抗氧化剂丁基羟基甲苯和维生素 E 相比，其抗氧化性更强。

5.1.3 黄樟精油在日化产品中应用技术

黄樟精油是一种挥发性油，难溶于水，在光、氧气、湿度和温度的作用下易挥发，樟脑型和龙脑型等化学型精油在低温下还会有结晶析出。为改善精油的水溶性、挥发性等问题，相关研究表明，对精油进行包封处理后能够保护活性成分并控制其释放，提高精油的贮藏稳定性和使用性能（刘欣等，2019），常用的方法有：①微胶囊技术；②微乳液技术；③纳米乳液技术。此外，微乳液和纳米乳液技术在增强精油水溶性，抑制精油挥发性以及提高利用率等方面也有较好的研究进展。

5.1.3.1 微胶囊技术

微胶囊技术，主要是利用天然或合成的高分子材料，将固体或液体物质包埋起来，形成具有半通透性或密封囊膜微型胶囊的微包装技术。

目前，已有多种微胶囊化方法被应用于香料和香气产品的封装，主要方法有：物理法、物理化学法和化学法。常用的薄荷油微胶囊化技术，主要有喷雾干燥法、复凝聚法、包结络合法、纳米微胶囊法等。

（1）喷雾干燥法

喷雾干燥法是目前使用最广泛的微胶囊制备方法，指将芯材均匀分散在液化的壁材溶液中，然后雾化料液并快速蒸发溶剂，从而使壁材固化并最终包埋精油。

（2）复凝聚法

复凝聚法可提供更高的有效载荷，最高可达 99%，有更好的耐水热性和控释性能。以带相反电荷的水溶性高分子溶液为壁材，在适当条件下由于电荷中和使壁材从溶液中凝聚，从而包裹芯材形成微胶囊。通常是蛋白质和多糖通过复凝聚产生的微胶。

（3）包结络合法

主要是以 β－环糊精作为壁材材料，将疏水性芯材束缚在其内部疏水空腔中，形成牢固稳定的络合物，即分子水平的微胶囊化。β－环糊精是由 7 个葡萄糖分子结合而成的稳定性较强的环状结构化合物，具备外部亲水和内部疏水结构，能够将精油等非极性分子包埋在内部疏水空腔内，从而增加包埋物的稳定性，并延缓其释放速率。此外，β－环糊精在人体内能被吸收、分解，安全无毒，不会造成粮食和食品化学物残留等问题。

（4）纳米微胶囊法

纳米微胶囊法是以微胶囊技术为基础，通过加强搅拌、喷雾或电流刺激下形成粒径在 1~1000nm 的纳米级胶囊。胶囊粒径更细微且均匀，提升了胶囊的稳定性与缓释效果，具备良好的生物相容性和靶向性。尤其在日化用品领域中，更细微的胶囊体系可以保证产品涂抹的均匀度，提升皮肤的吸收效率。同时纳米级材料本身具备良好的抑菌性能，因此采用纳米微胶囊法包封处理的天然精油，在高端化妆品上有良好的应用前景。

5.1.3.2 微乳液技术

微乳液技术是日用化工产品中使用最为广泛的技术之一，水相和油相均匀混合而成的热力学不稳定乳液体系，通过添加表面活性剂类第三成分，可使乳液长时间保持稳定，延长其存在的时间。

日化产品大多是乳液状态，使用乳液比直接使用精油对皮肤更有亲和性，使皮肤感觉更加舒适，可以使有效成分更加均匀地分散在皮肤上，提高使用效率。另外由于微乳液粒径较小，这使其更容易渗透到皮肤角质层中，从而提高化妆品的效果。

一般条件下，油和水是分层的，即便加入了第三种成分使其更加稳定，乳液仍是热力学不稳定体系。乳液可根据连续相的不同分为水包油（O/W）型和油包水（W/O）型。水包油（O/W）型是将油滴分散在水相中，油包水（W/O）型则相反。此外还有多重乳液，是由两种或以上不互溶的液相组成的乳液，相当于普通乳液分散相质点中又包含了更细小的分散相质点，如水包油包水（W/

O/W）型和油包水包油（O/W/O）型等。微乳液同乳液一样也分为水包油（O/W）型和油包水（W/O）型，同时还有双连续型。

微乳液技术是指由一定比例的水、油和表面活性剂自发形成的一种热力学稳定体系，形成的乳液呈球形或非球形混合物，主要适用于改变物料的溶解性和挥发性。其自发性源于高含量的表面活性剂和助表面活性剂的作用，促使油性分子的增溶，降低溶液挥发性。同时，微乳液是热力学稳定体系，粒径不会随着储藏进程而发生改变。因此，微乳液具有提高稳定性和较低的生产成本等优点。

5.1.3.3 纳米乳液技术

纳米乳液滴尺寸通常为5~200nm，呈单一均质球状液滴，常用的制备方法有高能乳化法和低能乳化法。纳米乳液尺寸很小，可以在长时间内保持动力学稳定性，能够在数月甚至数年内不发生明显的絮凝和聚结。由于其粒径极小，往往呈现出透明到半透明状态。纳米乳液具有较低的油/水界面张力，这使其具有良好的润湿性、铺展性和渗透性，小的液滴和大的比表面积使得纳米乳液具有很强的传送和运输能力，可用于活性物质（药物、营养品、香料等）的输送。因此，纳米乳液在日化用品、生物医药、食品、农业等领域中具有良好的应用前景。

根据液滴分布情况，可将纳米乳液分为三大类：W/O型、O/W型及双连续型纳米乳液，即同一体系中存在两种连续态。日化用品的安全性、稳定性与原材料息息相关。为了获得良好的肤感和一定的功效性，在实际生产应用中筛选有优良性能、可以良好配伍的原料也极为重要。纳米乳液能够促进活性成分在皮肤上的渗透、提高活性成分的稳定性及利用率、控制释放、靶向作用和增强产品的使用性能。

5.2 黄樟精油源日化用品开发

日用化工行业，是将化工产品和个人的日常生活紧密连接的行业大类。通常日化行业有广义与狭义两个概念，广义的日化行业又被分为家庭日用化工行业和其他日用化工行业，狭义的日化行业仅包括家庭日用化工行业（郑翌等，2020）。

此章节中所提及的日化行业为狭义的概念，即家庭日用化工行业。按照传统行业界的分类，日化行业通常被分为以下几类：口腔用品、洗涤用品、除臭剂和香味剂、驱虫产品和其他日化产品等。随着人们消费观念的升级换代，我国日化行业正面临着市场变化的严峻考验。目前，公众在选择日用化工产品时，产品的香味、留香时间等均是消费者考虑是否购买的影响因素，因此，日化产品中香型的选择以及长效留香技术的应用也就显得尤为重要。

黄樟精油作为日化产品主要添加剂之一，提供产品的主要香气，赋予产品特殊功能。添加了黄樟精油制备的日化产品，应具备两个重要特征：①赋予产品一定功能；②产品具有黄樟精油特征香气。

5.2.1 洗涤用品开发

洗涤用品从诞生之初，就是人们追求干净、健康的生活保障。随着人们对洁净、安全和时尚生活方式的追求，日化洗涤用品功效添加剂的安全、天然性也备受关注。根据资料数据显示，2020 年我国洗涤用品工业生产各类洗涤剂超过 1100 万 t，其中液体洗涤剂产量 753.92 万 t，行业规模超过 1000 亿元人民币。同时我国的香水市场消费规模也呈现出持续增长的态势，2020 年中国香水消费市场规模预计将较 2019 年增长 26.6%。

5.2.1.1 洗手液

目前常用产品是按压式洗手液，其储存容器相对密封，可以有效避免细菌积聚和繁衍。洗手液最主要的成分是表面活性剂、增稠剂与抑菌、保湿功效成分和赋香成分等，洗手液产品具有去污、杀菌、护肤等作用。其中脂肪醇聚氧乙烯醚硫酸钠属于阴离子表面活性剂，易溶于水，具有优良的去污、乳化和发泡性能，性质温和；椰子油二乙醇酰胺属于非离子表面活性剂，具有良好的发泡、泡沫稳定、渗透去污和抗硬水等功能，在阴离子表面活性剂呈酸性时与之配伍增稠效果特别明显；甘油是化妆品中最为常见也是较为廉价的保湿成分，几乎所有和皮肤接触的日化、美容及洗涤用品都会添加甘油成分（黎敏珊等，2016）。黄樟精油作为天然精油，主要作为香料添加剂成分，其主要作用是根据市场和公众需求调制各种香型产品。

（1）主要原料与仪器

主要原料：脂肪醇聚氧乙烯醚硫酸钠（AES）、椰子油二乙醇酰胺（CDEA）、甘油、氢氧化钠、柠檬酸。

主要仪器：电子天平、水浴加热器、机械搅拌器、均质机、恒温培养箱、冰箱等。

（2）配方

洗手液主要配方如表 5-1 所示。

表 5-1　洗手液主要配方　%

油相	质量百分比	水相	质量百分比
AES	10.0	蒸馏水	80
CDEA	2.0	95% 乙醇	2.0
黄樟精油	0.5	柠檬酸	1.0
甘油	2.0	氯化钠	2.5

（3）制备工艺

以制备 100g 洗手液产品为基准。以表 6.1 配方表加入原材料于 200mL 烧杯中，依次加入 10g AES（油相）和 70g 蒸馏水，80℃下恒温搅拌至固体全部溶解。待体系成均相后，适当降温，依次加入 2g CDEA，继续添加适量甘油、柠檬酸、黄樟精油和乙醇（水相），并补加 10g 蒸馏水，充分搅拌均匀至体系成均相。室温下冷却至 40~50℃，最后加入 2.5g NaCl。恒温条件下，待体系中气泡散去，获得黄樟精油基洗手液产品。

（4）产品理化性能测试方法

①产品 pH 值测定。采用煮沸再冷却至室温条件下的蒸馏水，将制备的洗手液以质量比（1∶10）溶解，配置测试样液，体系在匀质机下，混合均匀至均相。待 pH 计读数稳定 1min 后，进行 pH 值测定。同一试样进行三次平行检测，以测量读数差值不超过 0.1 为准，结果取三次测量结果的平均值，精度为 0.01（根据相关产品的国家标准，洗手液产品的 pH 值应为：4.0~10.0，25℃）。

②色差测定。取适量试样于离心管中，于离心机转速 2000r/min，离心 5min，以消除产品中气泡。将待测样品置于比色皿中，采用光谱光度计进行指标值测定，首先光谱计调至透射模式，调零和调标准白板，再待测样品放置于透射光口，记录相关测定值。每次测定后将样品重新混匀，重复测定三次。

③耐寒、耐热及离心稳定性测定。

耐寒性：将产品放置于 –5℃冰箱中，24h 后取出，恢复至室温，观察样品形态变化情况。

耐热性：将产品放置于 40℃ ± 1℃恒温培养箱，24h 后取出，恢复至室温，观察产品形态变化情况。

离心稳定性：10mL 离心管中加入一定量产品，放置于 38℃ ± 1℃的恒温培养箱中，1h 后立即移入离心机中，2000r/min 下离心 30min，取出后观察产品形态变化情况。

④起泡性和泡沫稳定性测定。移液枪准确吸取洗手液产品 0.20mL，置于干燥的小烧杯中，加入重蒸水 30mL，使产品充分溶解，再将溶液转移至 100mL 具塞量筒中（转移液体过程中避免产生泡沫），盖上塞子后用力振荡 10 次。记录此时的泡沫刻度 h_1 和液体刻度 h_2，开始倒计时。10min 后再记录泡沫刻度 h_3 和液体刻度 h_4。公式（5–1）和（5–2）分别计算起泡性指标值 H_1 和泡沫稳定性指标 H_2：

起泡性指标：

$$H_1=h_3-h_4 \tag{5-1}$$

泡沫稳定性指标：

$$H_2=(h_3-h_4)-(h_1-h_2) \tag{5-2}$$

⑤稳定性测试方法。以 30 天保质期加速试验，测试产品稳定性。设定低温 4℃ ± 1℃、室温 25℃ ± 1℃和高温 45℃ ± 1℃三个温度梯度。分别于第 1、5、10、15、20、30 天取样，测定产品的 pH 值和色差变化情况。

⑥感官性测试方法。随机选择 20 名测试人员进行产品感官测试评定，在光线充足、温度适宜且干净无异味的环境下对产品进行感官评价和测试，相互独立的条件下，根据洗手液产品评价标准表 5–2 进行评分。

表 5–2 洗手液产品评分标准

评价指标	特征表述	A 级	B 级	C 级	D 级	E 级
气味	香气悦人 / 黄樟精油特征香气	悦人	尚悦人	无味	较不悦	极不悦
色泽	均匀透明	好	明亮	适中	暗沉	混浊
均匀性	分散程度	分散好	分散良好	一般	难分散	极难分散
易冲洗程度	清洁难易度	易冲洗	较易冲洗	适中	较难	极难
刺激性	对皮肤刺激性	温和	较温和	无温和感	略有刺激	有刺激性

5.2.1.2　免洗洗手液

免洗洗手液是一种新型的消毒产品，它的主要成分是乙醇。但是长期使用高浓度酒精消毒产品会对皮肤造成损伤，目前市售免洗洗手液，也有加入纳米银、双氧水、氯己定、三氯生等化学消毒物质，以减少酒精的用量。添加化学消毒剂的另一个优势是当洗手液中存在凝胶成分时，化学消毒剂不会随酒精的挥发而散逸，而形成一层保护膜，从而起到长效抑菌的效果（张硕，2021）。

但是这类非天然来源化学消毒剂也存在着毒副作用大，且不具备护肤功效等问题。随着人们生活品质的提升，开发天然成分源免洗洗手液产品越来越受到重视。黄樟精油作为天然的香料成分，且具有广谱性抑菌、抗氧化等功效，可以有效弥补合化学消毒成分的缺陷。以黄樟精油成分作为添加剂，开发性能稳定、温和、具有特殊香型和明显抑菌能力的免洗洗手液具有重要意义。

（1）主要原料与仪器

主要原料：无水乙醇、1,2- 丙二醇、椰油酸二乙醇酰胺、十二烷基二甲基甜菜碱、柠檬酸、海藻酸钠、山梨醇、明胶、黄樟精油、卡波姆 940、超纯水。

主要仪器：双频超声波仪、电动搅拌器、恒温水浴锅、水分测试仪、多功能粉碎机、乳化机等。

（2）配方表

免洗洗手液配方见表 5-3 所列。

表 5-3　免洗洗手液配方　%

配方名称	质量百分比	配方名称	质量百分比
无水乙醇	42.0	柠檬酸	0.2
1,2- 丙二醇	6.0	明胶	5.0
黄樟精油	0.5	山梨醇	0.3
卡波姆 940	0.3	海藻酸钠	0.2
椰油酸二乙醇酰胺	1.5	超纯水	43.8
十二烷基二甲基甜菜碱	0.2		

（3）制备工艺流程

①按表 5-3 配方表配置原材料，搅拌釜中加入 1/3 用量蒸馏水，恒温水浴加热使水温升至 50~60℃。恒温条件下，慢慢加入山梨醇和卡波姆 940，充分搅拌至全部溶解。

②持续恒温条件下快速搅拌，依次加入无水乙醇、椰油酸二乙醇酰胺、十二烷基二甲基甜菜碱、1,2-丙二醇、黄樟精油、明胶、海藻酸钠，再加入1/3用量蒸馏水，至完全溶解为止。

③停止加热，自然冷却至体系温度至20~30℃，补加柠檬酸，调节体系测其pH值6.0~7.0，冷却后制得产品。

（4）产品性能测试方法

①理化性质测试。取适量样品，置于干燥洁净的具塞量筒内，在非直射光条件下进行观察，按相关测试指标对产品进行理化指标测试。采用GB/T 6368—2008方法测量产品pH值。具塞试管中加入待测产品，再加入10mL蒸馏水，塞紧塞子后，剧烈振摇50次，取下塞子，用10mL蒸馏水将试管壁上泡沫轻轻冲洗，记录下泡沫的高度以及泡沫下降至一半时所需要的时间，以泡沫柱的高度作为产品起泡性能的量度，以泡沫柱下降一半所需要的时间来表征泡沫的稳定性量度。重复上述试验3次，取其平均值。

②稳定性测试。将产品分别进行高低温稳定性测定。测试方法如下：产品平均分成二份，一份放入冰箱于-5℃下冷藏24h，一份于40℃条件下恒温24h，待恢复至室温后，观察产品外观是否存在沉淀、分层现象，并观察澄清度。

③手感性能测试。从挥发速度、黏腻感、干涩感等方面进行产品评价，进行评分1~5分（差~好），分数越高代表性能越好。

④保湿性能测试。采用水分测试仪对样品进行使用后的水分测试。测试使用前水分，使用后2h和4h后水分。手背正常值为35%~55%，手心正常值为40%~65%。

⑤抑菌性能测试。免洗洗手液作为重要的消毒类产品，抑菌性能尤为关键。选取代表性菌种大肠杆菌、金黄色葡萄球菌和白色念珠菌分别进行产品抑菌性能测试。制作6皿营养琼脂培养基和3皿YPD固体培养基，营养琼脂培养基上涂布大肠杆菌和金黄色葡萄球菌菌悬液（每种3个），YPD固体培养基上涂布白色念珠菌菌悬液，每一个培养皿标记十字交叉均分为4个区域，4块区域的培养基中间位置分别放置一片8mm直径的产品浸润后的滤纸片，放置于37℃的恒温箱中培养18h，期间每隔3h加入10μL产品于滤纸片上。18h后测量抑菌圈直径，每一区域的抑菌圈直径从不同角度测量3遍，计算平均值，每一菌种测量

12 个抑菌圈直径，并求取平均值。

随机选取一块区域进行菌落数测试，用无菌棉签蘸取 42% 乙醇，涂布均匀，待干后用蘸有无菌生理盐水的棉签重新刮涂一遍，棉签头剪下，放入装有 1.5mL 无菌生理盐水的离心管中摇匀，离心管中液体倒入培养皿中，并倒入已杀菌并冷却至 50℃的平板计数琼脂中，轻轻摇匀后冷却，做 9 个平皿。42% 乙醇替换为自来水、免洗洗手液产品、75% 乙醇，重复上述步骤，共 36 个计数平板。测试区域放置 4h 后，每个区域再分别用蘸有无菌生理盐水的棉签重新刮涂一遍，并剪下棉签头做平板菌落计数。所有培养皿置于 37℃恒温箱中培养 16h，计算菌落总数，并计算平均值。

5.2.1.3 皂类产品

皂类日化用品根据制作方法分为热制皂和冷制皂。热制皂是指在高温状态下将油脂、碱和水以一定比例混合，制皂周期大大缩短，但碱性也较强，对皮肤刺激性较大，长期使用，会破坏肤质。冷制皂，即传统意义上的手工皂，低温使得生成的甘油停留在皂内，可以起到保湿功效。较长的皂化时间使得其 pH 值与人体皮肤更为接近，且该类皂产品主要添加纯天然物质，对皮肤非常友好，不易产生过敏等症状，因此被广泛应用于日化行业。

手工皂是日常生活的常用日化产品，皂化反应完全后通过盐析分离等后续操作即可获得皂基，而在皂基冷却前还可通过添加各类天然产物成分，以获得特定的清香、美观的色泽以及特殊功效产品（唐臻等，2020）。随着人们生活水平的提高以及消费理念的改变，普通手工皂将不能满足消费者的需要，而对于可释放怡人清香并兼具抑菌、消炎、护肤、抗衰老等多重保健功效的手工皂将更受青睐。由于黄樟精油是重要的天然香料，并兼具抑菌、抗炎等多种生理活性。同时，手工皂中油脂是重要组成成分，采用黄樟籽仁油复配黄樟精油制备功能性手工皂产品，能有效契合人们对新型手工皂的功能期望。

（1）主要原料与仪器

主要原料：无水乙醇、1,2- 丙二醇、黄樟精油、椰子油、棕榈油、橄榄油、黄樟籽仁油、卡波姆 940、氢氧化钠、超纯水。

主要仪器：超声波仪、电动搅拌器、恒温水浴锅、恒温培养箱等。

（2）配方表

手工皂配方如表 5–4 所示。

表 5–4　手工皂配方　%

配方名称	质量百分比	配方名称	质量百分比
椰子油	30.0	黄樟精油	0.6
棕榈油	30.0	卡波姆 940	0.6
橄榄油	6.0	氯化钠	5.0
黄樟籽仁油	10.0	氢氧化钠	0.3
无水乙醇	5.0	超纯水	11.5
1,2–丙二醇	6.0		

（3）制备工艺流程

按表 5–4 配方表，50℃条件下依次加入无水乙醇、1,2– 丙二醇、卡波姆 940、氢氧化钠、氯化钠和蒸馏水，充分搅拌均匀至全部溶解，充分搅拌条件下，体系降温至 30℃左右。另取干燥清洁容器将椰子油、棕榈油、橄榄油和黄樟籽仁油于一定温度下，充分融溶，将流体状油脂缓慢倒入溶液中，并充分混合，最后再加入黄樟精油，充分搅拌均匀，直至体系呈粘稠状，超声 2~3min，以充分排出气泡。将皂液加入特定模具内，覆膜封存，凝固后脱模，阴凉干燥处放置 4 周，即可获得手工皂。

（4）产品性能测试方法

①理化指标测试。手工皂 pH 值指标评价方法：取 0.50g 手工皂产品充分研碎，料液比 1∶50 加入蒸馏水，搅拌至完全溶解后测定 pH 值。产品起泡能力和泡沫稳定性测试方法：称取 0.50g 手工皂产品于锥形瓶中，加入 25mL 蒸馏水，40~50℃水浴锅中搅拌至完全溶解，再将溶液转移到 50mL 酸式滴定管中，下方放置 50mL 量筒，使溶液匀速从滴定管中流出；待溶液完全流出后，迅速记录泡沫最大体积，记 V_1，静置 2min 后再次记录量筒中泡沫体积，记作 V_2。V_1 表示手工皂起泡能力，V_1 值越高，起泡能力越强，V_1-V_2 值表示手工皂的泡沫稳定性，数值越高，泡沫稳定性越弱，重复三次求平均值。相关结果应符合表 5–5 品质评价量化表要求。

表 5-5　手工皂品质评价量化

评价指标	评价标准	量化分值
pH 值（0~15）	>10.0	0~5
	9.0~10.0	5~10
	8.0~9.0	10~15
起泡能力（mL）（0~20）	1.5~2.5	0~5
	2.5~3.5	5~10
	3.5~4.5	10~15
	4.5~5.5	15~20
泡沫稳定性（0~20）	0.0~1.0	15~20
	1.0~2.0	10~15
	2.0~3.0	5~10
	3.0~4.0	0~5
黄樟精油气味（0~20）	清淡适中	15~20
	轻微	10~15
	较浓	5~10
	无	0~5
形状硬度（0~25）	未成完整块状	0
	块状、质脆易碎	5
	块状、质软粒散	5
	块状、大量气孔	10
	块状、少量气孔	15
	块状、无气孔、软硬适中	25

②其他理化性能。手工皂主要理化指标包括：水分和挥发物含量、氯化物含量、乙醇不溶物含量、溶解度等。产品性能指标参数应符合表 5-6 要求。

表 5-6　手工皂的理化性能标准

类别	国家标准	类别	国家标准
水分和挥发物含量（%）	≤ 15.0	乙醇不溶物含量（%）	≤ 15.0
氯化物含量（%）	≤ 1.0	溶解度（mg/cm^2）	20~25

5.2.2　化妆品开发

目前，我国化妆品市场规模稳居世界第二。随着生活水平的提高，人们对化妆产品也更加重视，特别是面对社会经济快速发展和工作节奏加快，给人们带来的生活压力、工作重担压力而使肌肤加速老化等问题，人们越来越看重功能性化妆品的开发与利用。纵观全球化妆品市场，高端市场依然被国外知名品牌牢牢占据，本土品牌市场份额依然较低，因此，本土品牌和企业应加大研发力度，开发出更多具有功能性作用的高性价比化妆产品，争取在日益加剧的国内外竞争中赢得良好商机。伴随着科学技术的飞速发展，细胞科学成果广泛应用于皮肤医学中，化妆品向着具有更多功能的方向发展。目前，以生物制剂、生物活性提取物、天然植物精油及提取物等作为添加剂的化妆品新原料已成为化妆品开发的主要方向。在众多的化妆产品中，肤用化妆品是需求量最大的一类。

5.2.2.1　化妆品简介

根据《化妆品卫生监督条例》，化妆品的定义是：以涂擦、喷洒或者其类似的方法，散布于人体表面任何部位（皮肤、毛发、指甲、口唇等），以达到清洁、清除不良气味、护肤、美容和修饰目的的日用化学工业产品。化妆品是日用化学工业成品，不需要进行二次加工，因此，宣称注射、口服、微针导入等使用方式的产品，不属于化妆品定义范畴。但是某些需要配合喷雾仪或超声波等导入的产品仍属于化妆品，因为产品的物理形态并未发生改变，且仅用于皮肤表面（张志英，2006）。

《化妆品卫生监督条例》中，首次将化妆品分为：普通化妆品和特殊用途化妆品两大类。普通化妆品，又称为非特殊用途化妆品，它包括特殊用途化妆品以外的所有化妆品，如：清洁类化妆品、护肤类化妆品、发用类化妆品和美容类化妆品等。目前这几大类化妆品中已有相关产品颁发了相关标准。化妆品的法定分类与产品标准分类见表5-7。

《中国化妆品卫生监督条例》中也提出了特殊用途化妆品这一术语。特殊用途化妆品，是指具有某些特殊使用功能的化妆品。特殊用途化妆品具有六大特点：原料特殊、工艺特殊、功能特殊、检测特殊、使用特殊和管理特殊。新创化妆品是指历史上从来未出现过，而是制造者新创的化妆品。从产品创新程度上讲，它应该是达到国际先进水平的化妆品产品。例如，近年来，国内外相继推出的光敏化妆品、磁性化妆品、果酸化妆品、护肤精华素、护发毛鳞片、防晒摩丝和发用啫喱等。

表 5-7　中国化妆品的行业法规和标准分类

化妆品的法规分类		化妆品的行业标准	标准编号	化妆品的行业标准分类	新创化妆品
普通化妆品	清洁类化妆品	清洁蜜	QB/T 1645—1992	普通型、磨砂型、辅助功效型	
		清洁霜			
		磨面清洁膏			
		清洁面膜			
		沐浴化妆品		浴盐、浴油、浴胶、沐浴液	
	护肤类化妆品	雪花膏	QB/T 1857—1993	普通型、营养型、辅助疗效型	换肤霜 护肤凝胶 护肤精华素 电脑艺术化妆品
		冷霜	QB/T 1861—1993	普通型、营养型	
		润肤乳液	QB/T 2286—1997	按色泽、香型、包装分类	
	发用类化妆品	洗发膏	QB/T 1860—1993	普通型、营养型、护发型	护发毛鳞片
		洗发液	QB/T 1974—1994	普通型、功能型	
		发油	QB/T 1862—1993	按包装形式分类	
		护发素	QB/T 1975—1994	普通型、功能型	
		发乳	QB/T 2284—1997	按色泽、香型、功能分类	
		焗油		普通型、功能型	
		定型发胶	QB 1644—1992	气压式喷发胶、泵式喷发胶	
		发用摩丝	QB 1643—1992	定型摩丝、护发摩丝	
		发用啫喱		啫喱液、啫喱膏	
	美容类化妆品	香粉	QB/T 1859—1993	香粉、爽身粉、痱子粉	胭脂摩丝 除皱化妆品 抗衰老化妆品
		化妆粉块	QB/T 1976—1994	粉饼、胭脂、眼影粉	
		唇膏	QB/T 1977—1994	普通型、功能型	
		指甲油	QB/T 2287—1997	透明型、有色型等	
		眉笔			
		眼影膏			
		睫毛膏			
		美容面膜			
		香水	QB/T 1858—1993	香水、花露水	

（续）

化妆品的法规分类	化妆品的行业标准	标准编号	化妆品的行业标准分类	新创化妆品
特殊用途化妆品	育发化妆品			
	染发化妆品	QB/T 1978—1994	染发粉、染发水、染发膏	染发摩丝
	脱毛化妆品	QB/T 2285—1997	水剂型、乳剂型、热敷型等	
	美乳化妆品			
	健美化妆品			防螨虫化妆品 防粉刺化妆品 防晒摩丝
	除臭化妆品			
	祛斑化妆品			
	防晒化妆品			

5.2.2.2　黄樟精油源化妆品功效评价

（1）保湿功效评价

保湿功效评价可分为主观评估和客观仪器评价两种（吕凤，2021）。其中，主观评估即化妆品感官评价中的分析型感官评价和偏爱型感官评价。客观评价主要包括：角质层水分含量测试和皮肤保水能力测试等方法。

①角质层水分含量测试。采用皮肤成分分析仪进行相关性能测试，应用于人体皮肤的非创快速高空间分辨率的检测方法，可以测试皮肤深度方向水分的含量分布、天然保湿因子的含量分布、测试皮肤对表面所涂抹的药物或化妆品沿皮肤深度方向上的吸收量分布。也可以应用核磁共振光谱仪、傅里叶变换衰减全反射红外光谱法（ATR–FTIR）、近红外光谱仪（near infrared，NIR）等直接对皮肤中水分子进行检测，此方法精确度高、准确可靠，但检测成本也较高。目前采用电容、电阻、电导三种电学参数来测量皮肤角质层含水量的方法应用更为广泛。

②保水能力测试。化妆品的保湿功效是减少施用部位的水分流失。虽不能直接反映出皮肤角质层的水分含量，但是表征皮肤角质层屏障功能的重要参数，可以代表皮肤保水能力的强弱。主要的测试仪器有 Vapo Meter 测量仪等。角质层水分含量测试结合经皮水分流失测试，能够全面综合地评价化妆品的保湿功效。

角质层水负荷试验，可以评价皮肤保持水分和吸收水分的能力，是体内检测角质层水合动力学的一种简单、快捷的方法。角质层水负荷试验是研究皮肤动态水合过程和角质层保水能力一种科学有效的方法。

③其他测试方法。通过对皮肤角质层取样分析，检测角质层黏合力、丝氨酸蛋白酶活性、NMF（天然保湿因子）含量等，可以在一定程度上表征皮肤角质层的含水量状况。

（2）美白功效评价

化妆品的美白、安全性和功效性评价已成为研究者、生产者和消费者关注的焦点。皮肤的颜色主要由皮肤色素含量及分布决定，黑色素是最主要的决定因素。皮肤中的黑色素细胞产生黑色素。化妆品的美白途径主要包括物理美白和生物化学美白两种。物理美白通常用钛白粉和氧化锌等粉体遮盖，以达到美白效果。生物化学美白机理，就是通过抑制黑色素的生成，加快表皮细胞代谢速度，阻断黑色素生成过程中的信号通路等途径，达到美白肌肤的效果。化妆品美白功效体外评价方法主要有以下几种：

①美白成分分析法。使用仪器对美白化妆品中美白活性物质的种类与含量进行测定，以此推断美白效果。常规的检测仪器有：高效液相色谱、气相色谱、液质联用以及气质联用等仪器。

②酪氨酸酶活性测定法。通过测定美白产品对酪氨酸酶的抑制结果来评价其功效，常以 L- 酪氨酸或 L-DOPA 为底物，通过试管试验检测美白成分对酪氨酸酶活性的抑制作用。酪氨酸酶抑制法虽然简单快捷，但仍有一定的局限性。为了测定水溶性小的添加剂，可以采用丙二醇-水体系、有机溶剂 -水、丙二醇-有机溶剂等测试体系。

③黑色素生成抑制法。B16 黑色素瘤细胞株的基本结构，特别是黑色素合成功能与人正常的黑色素细胞基本一致，在进行美白测试时被广泛使用。体外培养 B16 黑色素瘤细胞，通过多巴特异性染色，检测化妆品原料对细胞中黑色素生成的抑制作用，此方法精度较高、板间板内误差较小。

也可将 B16 黑色素瘤细胞用 0.1% 葡糖胺培养至完全白化，再加入 2mm 茶碱促细胞回到黑色素合成状态，同时加入待测样品，根据其对新生黑色素抑制 / 促进效果，进行黑色素总量的测定。

还可以通过四唑盐比色法（MTT）测定观察组和对照组吸光度值，根据吸光度值计算细胞增殖指数，观察美白剂对黑素瘤细胞生长情况的抑制作用。MTT 试验是检测细胞存活和生长状况的常用方法。

④人体试验法。一般以人体前臂皮肤为受试部位，以避免光照对皮肤色度的影响。将美白剂涂于人体皮肤上，采用皮肤颜色测定仪，观察涂敷美白剂前后肤色的变化，评价美白效果。对于皮肤颜色变化的判定，可以粗略采用目测法，也可以采用照相法，分析皮肤灰度值的变化来评价皮肤颜色的变化。目前普遍采用国际照明委员会（CIE）规定的色度系统（Lab 色度系统）测量皮肤颜色的变化。主要原理是通过测定特定波长的光在人体皮肤上照射后的反射量，来确定皮肤中黑色素和血红素的含量。

更为精确的是采用显微镜照相技术和计算机处理系统结合的方法，能够较为精确地检测皮肤颜色的变化。利用显微镜照的亮度信息，经计算机处理系统进行数据信息的转换，以此来评价皮肤色度的变化。也可用 VISIA 全脸分析仪与黑色素测定仪相结合的方法评价化妆品的美白功效。通过对化妆品使用前、后面部斑点的定量分析和和图像直观比较，并结合黑红色素变化对美白产品进行多方面的、直观的和量化的美白功效评价。

（3）控油功效评价

控油功效评价方法参照 T/ZHCA002—2018 执行。

①基本原则。应该符合国际赫尔辛基宣言的基本原则，检测方法及合格判断标准均按照《化妆品安全技术规范》中的相关条款执行，采用随机盲法对照试验。

②测试条件。测试环境温度：20~22℃，相对湿度：40%~60%。测试者、环境、仪器等应保持一致性。受测试人数应不低于 30 人，收测试者年龄应为 18~45 岁。在标准测试环境下静坐，前额暴露，保持放松状态，避免触碰受测试部位。

③测试方法。受试样品涂抹区域和对照区域随机选择，样品涂抹区域面积一致，面积至少 3cm × 3cm，区域间隔至少 1cm。受测试者在相应规定的测试环境下静坐至少 20min，避免触碰测试部位。受试区域用碱性皂基清洁，清水冲洗干净后用无屑吸水干纸巾吸干水分。3min 内，分别测量样品测量区域和对照区域皮肤表面皮脂量，各区域内不同位置测量次数在 3 次以上，结果以 3 次测量的平均值作为初始值。受试样品用量按照（2.0 ± 0.1）mg/cm^2 进行单次涂抹，均匀涂抹至规定区域内。分别在样品涂抹区域和对照区域内不同位置测量 3 次，获得各个区域皮肤表面的皮脂量，以 3 次测量结果的平均值表示。测量时间间隔不少于 1h，对于需要进行多个时间测量点的受试产品，测量周期不超过 24h。

对照区域为空白对照，分别计算样品涂抹区域和对照区域的初始值和其他测量时间点的测量值之间的差值，根据统计分析不同测量时间点样品涂抹区域和对照区域的差别。阳性结果：与对照区域相比较，样品涂抹区域的皮脂测量值差值呈现显著性差异；与对照区域相比较，样品涂抹区域皮脂测量值差值无显著性差异，表明被测样品无控油功效。

（4）抗皱功效评价

随着消费者对抗皱化妆品需求的增长，抗皱化妆产品在整个化妆品产业中占有越来越重要的位置。皱纹是皮肤老化的一种标志，皮肤纹理与皱纹的测定，对皮肤老化的诊断有重要的指标参考意义，对防衰老、抗皱类护肤品的功效评估，也一直是化妆品功效评价的一个重要方面。化妆品抗皱功效的发挥与两方面因素有关：一是活性成分自身具有功效，二是一定浓度的该活性成分能有效地传送至作用位点。通常化妆品抗皱功效评价方法可分为体外法和人体试验法。

化妆品中天然精油等活性成分的自由基清除和抗氧化能力，通常采用生化系统进行测定。抗氧化过程中，氧自由基吸附能力（ORAC）测试法，是常用的测定产生的过氧化自由基方法。还可测定细胞在脂质过氧化、谷胱甘肽氧化还原以及线粒体氧化还原过程中的氧化过程，进而评价抗皱活性成分清除自由基和抗氧化的能力，为寻找和筛选具有抗衰老活性的物质提供参考。

（5）防晒效果评价

化妆品防晒效果主要评价指标有：防晒指数（sun protection factor，SPF 值）和（protection of UVA，PA 值）等（董建军等，2005）。

① SPF 值是指在有防晒剂防护的皮肤上产生最小红斑所需能量与原来未加防护的皮肤上产生相同程度红斑所需能量之比，能客观反映防晒产品对 UVB 紫外线防护能力。FDA 规定的防晒产品的 SPF 值及防晒等级如表 5–8 所示。

表 5–8　防晒产品的等级及对皮肤的作用

防晒产品等级	SPF 值	对皮肤的作用
低等	2~6	低级防晒伤，允许晒黑
中等	6~8	中等防晒伤，允许部分晒黑
高级	8~12	高级防晒伤，有限晒黑
特高级	12~20	高级防晒伤，极少或无晒黑
超高级	20~30	最大防晒伤，无晒黑

一般，SPF 值为 15 的高强度防晒产品已经可以很好地防护皮肤免受紫外线的危害，但是随着环境的恶化、臭氧层的破坏、紫外辐射日益增强，需要防晒产品的防晒性能相对提高，市面上较常见的产品 SPF 值达到 30 以上，有的甚至达到 80。

② PA 值。SPF 值是针对 UVB 紫外线的，只能防御占到地面紫外线总量的 1%，PA 值是日本化妆品协会针对 UVA 制定的防晒系数，是指引起被防晒产品防护的皮肤产生黑化所需的最小持续黑化量与未被防护的皮肤产生黑化所需的最小持续黑化量之比。PA 的强度是以“+、++、+++”三种强度来标示，“+”越多，防止 UVA 的效果就越好，有效防护时间越长。而 PDD 指的是延长皮肤 UVA 晒黑时间的倍数，是欧盟统一对紫外线 UVA 的标示法，与 PA 的表示意义相同，两者之间的转换如表 5–9 所示。

表 5–9　防晒产品的 PA 值与 PDD 值换算及对皮肤的作用

PA 值	PDD 值
+	2~3
++	4~7
+++	≥ 8

5.2.2.3　主要开发的化妆品

（1）香水

香水是香精的乙醇溶液，并辅加定香剂等添加成分。香水具有香精的特色香气，主要作用是喷洒于衣服、身体皮肤等部位，或者环境、物品表面，散发特征香气的液体化妆品。决定香水气味最重要的是香精香料添加剂。香水主要有动植物香精、精制乙醇和超纯水三部分组成，是一种混合了大量不同挥发性物质的挥发性液体，当香水中香料源逐渐、持续地从液态转化为气态时，香气就产生了。

①生产工艺。香水生产工艺主要包括八个步骤，具体流程如图 5–1 所示。配制香水所用乙醇、香料、水等原材料需经过纯化处理。乙醇的主要纯化方法是，乙醇中加入氢氧化钠或高锰酸钾溶液进行加热回流、纯化后，低温下密闭放置半个月后备用，完成陈化过程，主要目的是除去原材料中的杂质。香料中加入少量已经经过处理的乙醇溶液，陈化 1 个月后使用。蒸馏水或去离子水溶液，一般加入少量柠檬酸钠或 EDTA 除去金属离子（毛萍，2019）。

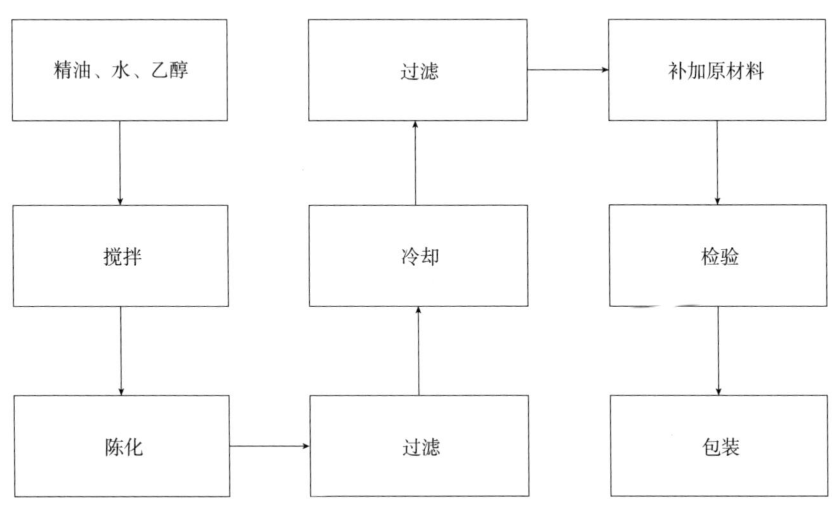

图 5-1 香水制备工艺流程

②香水产品配方表。

实例 1：见表 5-10。

表 5-10 香水配方一 %

产品名称	用量	产品名称	用量
乙醇	60.0	聚氧乙烯甲基葡萄糖醚	2.0
超纯水	36.0	薰衣草油	0.2
色素	0.3	橙花油	0.4
黄樟精油	0.6	柑橘油	0.3
柑橘油	0.2		

实例 2：见表 5-11。

表 5-11 香水配方二 %

产品名称	用量	产品名称	用量
乙醇	65.0	樟脑	0.1
超纯水	33.4	龙脑	0.1
色素	0.2	薄荷油	0.2
黄樟精油	0.6	夜来香精油	0.1
薰衣草油	0.3		

实例 3：见表 5-12。

表 5-12　香水配方三　%

产品名称	用量	产品名称	用量
乙醇	60.0	龙脑	0.2
超纯水	38.5	薄荷油	0.2
色素	0.3	玫瑰麝香香精	0.2
黄樟精油	0.6		

（2）防晒乳

防晒涂乳属于特殊化妆品范畴，隶属于护肤品。紫外线照射不仅会造成皮肤老化，还会给肌肤带来灼热之感，所以涂抹防晒乳液尤为重要。选择油溶性紫外线吸收剂可提高产品防晒性能，并通过天然产物添加剂作为叠加使用，在抵御 UVB 段紫外线效果方面作用更优（董建军，2005）。在微乳液基质的基础上，通过添加防晒剂再制备防晒乳产品，能获得较好的防晒效果。

①主要配方及制备工艺。主要配方及制备工艺见表 5-13 所列。

表 5-13　防晒乳及制备工艺　%

<table>
<tr><th>相编号</th><th>名称</th><th>质量百分含量</th><th>制备工艺</th></tr>
<tr><td rowspan="10">A 相</td><td>鲸蜡硬酯基葡糖苷</td><td>2.0</td><td rowspan="18">A 相、B 相分别按设定比例加热至 80℃，体系成均相后，A、B 两相迅速搅拌均匀，并冷却至 30~40℃。再加入 C 相，充分搅拌后，均相条件下分装成型</td></tr>
<tr><td>鲨甘醇</td><td>1.0</td></tr>
<tr><td>羟苯丙酯</td><td>0.4</td></tr>
<tr><td>C_{12}~C_{15} 醇苯甲酸酯</td><td>5.0</td></tr>
<tr><td>AES</td><td>8.0</td></tr>
<tr><td>甲氧基肉桂酸乙基己酯</td><td>6.5</td></tr>
<tr><td>二乙胺羟苯甲酰基苯甲酸己酯</td><td>2.3</td></tr>
<tr><td>维生素 E 乙酸酯</td><td>0.5</td></tr>
<tr><td>高岭土</td><td>3.0</td></tr>
<tr><td>二甲基硅油</td><td>5.0</td></tr>
<tr><td rowspan="8">B 相</td><td>EDTA</td><td>0.1</td></tr>
<tr><td>超纯水</td><td>48.0</td></tr>
<tr><td>甘油</td><td>5.0</td></tr>
<tr><td>丁二醇</td><td>4.0</td></tr>
<tr><td>羟苯甲酯</td><td>0.2</td></tr>
<tr><td>鲸蜡醇磷酸酯钾</td><td>2.0</td></tr>
<tr><td>二氧化钛分散液</td><td>3.0</td></tr>
<tr><td>丙烯酸酯共聚物</td><td>3.0</td></tr>
</table>

（续）

相编号	名称	质量百分含量	制备工艺
C相	天然多酚化合物	0.2	A相、B相分别按设定比例加热至80℃，体系成均相后，A、B两相迅速搅拌均匀，并冷却至30~40℃。再加入C相，充分搅拌后，均相条件下分装成型
	BHT	0.2	
	防霉剂	0.1	
	黄樟精油	0.5	

②产品性能测试方法。测试样品前处理。按产品相关检验规则，去除密封包装样品包装瓶颈口至少1cm的产品，准确称取0.50g防晒乳液样品于离心管中，加入20mL提取溶剂（甲醇：四氢呋喃=1∶2），充分混合1min，室温下超声提取30min，再高速离心5min。取300μL上清液，再用提取液定容至10mL，充分混匀后采用有机滤膜过滤。

质量稳定性。按化妆品检验相关规则，去除密封包装样品包装瓶颈口至少1cm的产品，取适量样品于离心管中，白色A4纸的颜色为空白值0，加速后样品的颜色与空白A4纸进行比较，以确定相应加速时间点下产品的颜色值。取适量样品于手背，均匀涂抹，观察颗粒物产生情况，并辨别是否有异味产生。

物理性状稳定性。按化妆品检验相关规则，去除包装瓶颈口至少1cm的产品后，取适量样品于塑料离心管中，取样量为离心管体积2/3，样品以2000r/min转速下，离心30min。另一份O/W型防晒乳液移入离心机中以8000r/min转速下，离心90min，以离心后样品是否发生油水分离为指标判断稳定性。

（3）润肤霜

润肤霜主要是指能够帮助皮肤保持滋润，维持皮肤理想水分平衡，令肌肤柔嫩光滑，适合中干性肤质的产品（于玲，2017）。主要由油性滋润剂、乳化剂、保湿剂、香精、防腐剂、紫外线吸收剂等组成。其中，油性滋润剂可适度地补充皮肤的油分，抑制皮肤水分蒸发，提高使用感。乳化剂物质包括：阴离子表面活性剂和非离子表面活性剂。保湿剂可保持湿润，阻止水分挥发，改善产品使用感和溶解性能。另外，可以添加物质调节黏度，用于溶解其他成分，从而调节黏度。天然精油在润肤霜/乳产品中有广泛的配伍性，可与其他活性化学试剂共用，并加速皮肤对它们的吸收而增效，既有美容护肤作用，又能起到保健作用。

①主要原料与仪器。

主要原料：山梨醇酐单硬脂酸酯、十六十八醇、甲基硅油、黄樟精油、硬脂酸、IPP、甘油、丙二醇、吐温 -60、三乙醇胺、山梨醇、BHT、尼泊金甲酯、尼泊金丙酯、去离子水。

主要仪器：电子天平、黏度计、离心机、均质机、恒温培养箱、冰箱。

②配方。润肤霜主要配方见表 5–14 所列。

表 5–14　润肤霜主要配方　　%

油相	质量百分比	水相	质量百分比
山梨醇酐单硬脂酸酯	1.5	甘油	4.0
十六十八醇	3.0	丙二醇	2.0
甲基硅油	18.0	吐温 -60	3.0
硬脂酸	2.0	三乙醇胺	1.0
IPP	10	山梨醇	2.0
黄樟精油	0.5	去离子水	52.6
		BHT	0.1
		尼泊金甲酯	0.2
		尼泊金丙酯	0.1

③制备工艺。将亲油的乳化剂山梨醇酐单硬脂酸酯与油相成分按配比溶于油相中，将亲水的乳化剂吐温–60 溶于水相中，于 75~80℃下进行乳化 5~7min。在水浴锅中将油水两相混合，在剧烈搅拌下两种乳化剂在界面上形成混合膜，瞬间形成乳液。同时，油相里的硬脂酸遇到水相中的三乙醇胺，立即中和成皂，在体系内部生成乳化剂，发挥乳化作用。均质适当时间，然后继续搅拌冷却至 50℃以下时加入香精，静止冷却至 35℃以下出料，产品陈化 3 天使产品性状稳定。

④产品性能测试方法。根据 QB/T 1857—2004 规定的方法对产品进行性能检测，产品的性能指标应满足表 5–15 中相关指标规定。

表 5-15　产品指标标准

项目	标准指标	项目	标准指标
色泽	符合规定色泽	砷含量（mg/kg）	≤ 10.0
香气	黄樟精油香气	铅含量（mg/kg）	≤ 40.0
产品性状	细腻、均匀一致	细菌总数（CFU/g）	≤ 1000.0
pH 值	4.0~8.0	霉菌和酵母菌总数（CFU/g）	≤ 100.0
耐热性（40℃，24h 膏体恢复室温后渗油率）（%）	≤ 3.0	粪大肠杆菌（个 /g）	不得检出
耐寒性（-5~15℃下，24h）	膏体无油水分离现象	绿脓杆菌（个 /g）	不得检出
汞含量（mg/kg）	≤ 1.0	金黄色葡萄球菌（个 /g）	不得检出

参 考 文 献

蔡诗鸿，曾晓房，韩珍，等，2018. 柠檬精油功效及其在芳香理疗中的运用 [J]. 农产品加工，1（7）：56–59.

蔡宪元，丁靖垲，聂瑞麟，1964. 云南樟科植物精油的研究Ⅰ. 云南樟和猴樟的精油化学成分 [J]. 药学学报，11（12）：801–808.

曹展波，郑育桃，林洪，等，2015. 江西九连山黄樟生长过程分析 [J]. 中国野生植物资源，2015，1（6）：29–31.

程必强，许勇，喻学俭，等，1991. 细毛樟繁殖后代叶油化学成分的变化 [J]. 植物分类与资源学报，13（2）：219–224.

戴小英，刘新亮，邱凤英，等，2018. 黄樟茎段离体培养体系的建立 [J]. 中南林业科技大学学报，38（3）：20–25.

邓超澄，霍丽妮，李培源，等，2010. 广西阴香叶挥发油化学成分及其抗氧化性研究 [J]. 中国实验方剂学杂志（17）：105–109.

董建军，阚洪玲，孙洪涛，等，2005. 防晒与防晒化妆品的配方设计 [J]. 食品与药品，7（12）：62–64.

杜金风，夏伟，闫浩，等，2016. 海南白花含笑叶挥发油成分的 GC–MS 分析 [J]. 中国农学通报，32（25）：194–198.

付晓，王莹，兰卫，2022. 超声辅助水蒸气蒸馏提取硬尖神香草精油的工艺优化 [J]. 化学与生物工程，39（2）：19–22.

龚盛昭，陈庆生，2014. 日用化学品制造原理与工艺 [M]. 北京：中国轻工业出版社 .

郭冬云，万娜，吴意，等，2022. 江西迷迭香精油的成分分析及抗氧化、抑菌活性研究 [J]. 天然产物研究与开发，34（2）：263–271.

何凤平，雷朝云，范建新，等，2020. 水蒸气蒸馏法提取澳洲坚果叶精油工艺 [J]. 食品工业，41（1）：182–186.

胡锦亮，罗家和，陈纪文，等，2018. 高山薰衣草精油气相色谱质谱分析 [J]. 精细与专用化学品，26（6）：39–44.

胡文杰，高捍东，江香梅，等，2012. 樟树油樟、脑樟和异樟化学型的叶精油成分及含量分析 [J]. 中南林业科技大学学报，32（11）：186–194.

黄秋良，袁宗胜，谢亚兵，等，2020. 不同微量元素和有机肥对芳樟油料林精油的影响 [J]. 安徽农学通报，26（1）：57–58.

姜冬梅，朱源，余江南，等，2015. 芳樟醇药理作用及制剂研究进展 [J]. 中国中药杂志，2015，40（18）：3530–3533.

姜睿，张北红，彭艺，等，2021. 濒危树种细毛樟研究进展 [J]. 安徽农学通报，27（16）：80–82，114.

黎敏珊，郑成，毛桃嫣，等，2016. 季铵盐型洗手液的制备及其抗菌性能研究 [J]. 日用化学工业，46（2）：89–91，100.

李程勋，李爱萍，徐晓俞，等，2019. 百香果果皮精油提取及香气成分分析 [J]. 福建农业学报，34（4）：495–501.

李飞，2000. 中国芳樟精油资源与开发利用 [M]. 北京：中国林业出版社 .

李嘉欣，朱凯，2019. 微波无溶剂法提取樟叶精油 [J]. 中南林业科技大学学报，39（7）：136–142.

李结瑶，罗文翰，肖更生，等，2022. 丁香 / 香茅精油复合涂膜对百香果采后保鲜的研究 [J]. 食品与发酵工业，1（1）：1–12.

李文茹，施庆珊，莫翠云，等，2013. 几种典型植物精油的化学成分与其抗菌活性 [J]. 微生物学通报，40（11）：2128–2137.

李雪萌，姜宝杰，张雅，等，2020. 超临界 CO_2 萃取技术在食品中的应用 [J]. 粮食与油脂，33（1）：18–20.

李亚萍，2021. 山苍子精油微胶囊的制备及其在牛肉保鲜中的应用 [D]. 长沙：中南林业科技大学 .

林芮昀，2018. 迷迭香精油的抗氧化性研究 [J]. 化工管理，1（3）：82–83.

林正奎，华映芳，1987. 四川宜宾地区樟科十四种精油化学成分的研究 [J]. 林产化学与工业（1）：46–64.

刘贵有，杨新周，2020. 狭叶薰衣草化学成分的研究 [J]. 中成药，42（5）：

11–13.

刘伟，刘玉霜，陈玉，等，2019. 粘胶乳香树精油化学成分与生物活性研究进展 [J]. 中国中药杂志，44（17）：3684–3694.

刘晓辉，2008. 四种香料植物挥发油的提取及应用研究 [D]. 长春：吉林农业大学 .

刘欣，周志磊，毛健，2019. 玫瑰精油微乳制备及性质研究 [J]. 食品与生物技术学报，38（5）：79–85.

刘颖慧，贺鑫鑫，曹进，等，2022. 化妆品安全报告及稳定性研究内容的探讨 [J]. 日用化学品科学，45（2）：19–23.

罗永明，李斌，黄璐琦，等，2003. 黄樟叶挥发油成分研究 [J]. 中药材，26（9）：638–639.

吕凤，2021. 植物精油在化妆品中的功效应用 [J]，中国医药报，1（7）：1.

毛萍，2019. 桂花香水的调制及产品介绍 [J]. 香料香精化妆品，5（2）：9–13.

毛运芝，冯璐璐，冉慧，等，2019. 缙云山 5 种乡土楠木资源叶片精油挥发性成分 GC–MS 鉴定与组成差异分析 [J]. 林业科学，55（2）：182–196.

缪菊连，黄照昌，李红艳，2011. 超临界 CO_2 萃取云南香樟叶中右旋龙脑的工艺优选 [J]. 中国实验方剂学杂志，17（19）：8–10.

宁登文，练东明，周鑫，等，2022. 油樟叶不同生长期出油率的分析 [J]. 四川林业科技，43（1）：92–96.

庞建光，张明霞，韩俊杰，2003. 植物精油的研究及应用 [J]. 邯郸农业高等专科学校学报，20（1）：26–28，30.

庞敏，崔秀明，2022. 超临界 CO_2 提取葛缕子精油及其成分分析 [J]. 食品与机械，38（1）：175–179.

彭灿阳，柳序，曲湘勇，等，2016. 植物精油在畜禽生产中的应用 [J]. 饲料博览，（10）：18–21.

秦钰慧，2007. 化妆品管理及安全性和功效性评价 [M]. 北京：化学工业出版社 .

丘雁玉，李飞飞，邓超宏，等，2009. 广东省 3 种野生香茅属植物精油的化学成分及含量分析 [J]. 植物资源与环境学报，18（1）：50–53.

邱凤英，温世钫，章挺，等，2017. 不同基质对黄樟扦插繁殖的影响 [J]. 经济林研究，35（4）：43–48.

裘炳毅，1997. 化妆品化学与工艺技术大全（下册）[M]. 北京：中国轻工业出版社 .
权美平，2016. 罗勒精油化学型分析研究进展 [J]. 中国调味品，41（10）：157–160.
邵平，洪台，何晋浙，等，2012. 紫苏精油主要成分季节性变化分析及其干燥方法研究 [J]. 中国食品学报，12（9）：216–221.
石皖阳，郭德选，1989. 樟精油成分和类型划分 [J]. 植物学报，31（3）：209–214.
苏晓云，2010. 压榨法在精油提取中的应用 [J]. 价值工程，29（1）：51–52.
苏哲，吕冰峰，张凤兰，等，2021. 浅谈化妆品监管信息化建设和智慧审评展望 [J]. 香料香精化妆品（2）：109–114.
孙崇鲁，黄克瀛，陈丛瑾，等，2007. GC–MS 分析樟叶和枝中挥发油的化学成分 [J]. 香料香精化妆品（1）：7–9.
唐健，2009. 黄樟油素的开发与利用 [J]. 煤炭与化工，32（5）：2–4.
唐臻，王斌，张苏玻，等，2020. 异蛇蛇油理化性质及其与薄荷精油复配制作手工皂工艺研究 [J]. 湖南科技学院学报，41（5）：27–31.
陶光复，刘芳齐，刘强，等，1988. 中国特有的反式 – 甲基异丁香酚新资源植物 [J]. 植物学报：英文版，3（3）：312–317.
陶光复，丁靖垲，孙汉董，2002. 湖北油樟叶精油的化学成分 [J]. 植物科学学报（1）：75–77.
王健松，李远彬，王羚郦，等，2017. 超临界和亚临界提取的沉香精油的气相色谱 – 质谱联用分析 [J]. 时珍国医国药，28（5）：1082–1085.
王进，曹先爽，宋丽，等，2017. 吹扫捕集 – 热脱附 – 气相色谱 – 质谱联用法分析不同产地香樟叶精油成分及抑菌活性比较 [J]. 食品科学，38（12）：131–136.
王岚，2003. 天然植物香精油的开发利用 [J]. 中国油脂，28（12）：86–89.
王雪薇，李德海，2021. 红松不同部位精油的成分分析及抑菌活性 [J]. 中南林业科技大学学报，41（2）：153–161.
王宗训，1963. 高等植物的化学成分与其系统发育的关系 [J]. 中国药学杂志，9（6）：241–248.
魏辉，李兵，田厚军，等，2010. 福建省不同产地及不同生育期土荆芥精油化学成分的比较 [J]. 植物资源与环境学报，19（3）：62–67.
魏小兰，赵林森，李恒安，等，2009. 6 种芳香植物精油的提取及综合品质评价 [J].

安徽农业科学，37（30）：14539–14541.

吴航，王建军，刘驰，等，1992. 黄樟化学型的研究 [J]. 植物资源与环境，1（4）：45–49.

吴静，2017. 花椒精油的提取工艺、化学成分分析与抗菌活性研究 [D]. 合肥：合肥工业大学 .

肖珊珊，2021. 龙脑精油抗炎镇痛、活血化瘀、抗痤疮功能预测与验证 [D]. 无锡：江南大学 .

熊颖，吴雪茹，涂兴明，等，2009. 樟脑的药学研究进展 [J]. 检验医学与临床，6（12）：999–1001.

晏芳，2021. 同时蒸馏萃取肉桂精油及其 GC–MS 分析 [J]. 粮食与油脂，34（11）：117–120.

杨二妹，贾浩，周晨霞，等，2021. 5 种植物精油对玉米象的杀虫活性研究 [J]. 中国粮油学报，36（08）：66–73.

杨海宽，温世钫，章挺，等，2019. GC–MS 结合保留指数研究龙脑樟不同部位精油成分 [J]. 中南林业科技大学学报，39（7）：130–135.

杨君，张献忠，高宏建，等，2012. 天然植物精油提取方法研究进展 [J]. 中国食物与营养，18（9）：31–35.

尹德航，施乐洋，叶雨涵，2022. 天然产物及其有效成分在化妆品领域的研究与开发 [J]. 化学试剂，4（7）：10–14.

于玲，2017. 薏仁美白润肤乳制备工艺的研究 [J]. 福建轻纺（10）：47–50.

喻世涛，肖龙恩，王萍，等，2016. 不同产地香茅草挥发性成分的 GC–MS 分析 [J]. 香料香精化妆品，12（6）：5–8.

张国防，2006. 樟树精油主成分变异与选择的研究 [D]. 福州：福建农林大学 .

张国防，冯娟，于静波，等，2012. 不同化学型芳樟叶精油及主成分含量的时间变化规律 [J]. 植物资源与环境学报，21（4）：82–86.

张秋根，王岳峰，俞志雄，等，1994. 井冈山产黄樟叶精油的化学成分 [J]. 江西农业大学学报（3）：303–307.

张士伟，王益友，王晖，2020. 一种新型酶制剂辅助提取大蒜油工艺 [P]，CN111826231A.

张硕，沈俊杰，汤峥，等，2021. 洗手液相关标准分析综述 [J]. 中国质量与标准导报（1）：49–51.

张雪松，裴建军，赵林果，等，2017. 酶法辅助提取桂花精油工艺优化 [J]. 食品工业科技，38（20）：90–97.

张宇思，王成章，周昊，等，2014. 不同产地龙脑樟叶挥发油成分的 GC–MS 分析 [J]. 中国实验方剂学杂志，20（10）：57–61.

张志英，2006. 山茶油抗氧化防辐射活性成分及其机理的研究 [D]. 杭州：浙江大学 .

赵华，张金生，李丽华，等，2005. 微波辅助萃取洋葱精油的研究 [J]. 香料香精化妆品（3）：1–4.

赵姣，2021. 芳樟枝叶精油含量与营养元素含量的动态变化及其相关性 [J]. 林业科学，57（12）：57–67.

郑红富，廖圣良，范国荣，等 . 水蒸气蒸馏提取芳樟精油及其抑菌活性研究 [J]. 林产化学与工业，39（3）：108–114.

郑翌，张妮，吴莹，等，2020. 中韩两国化妆品安全指标比较分析 [J]. 香料香精化妆品（4）：91–97.

中国科学院中国植物志编辑委员会，1990. 中国植物志（第 31 卷樟科莲叶桐科）[M]. 北京：科学出版社 .

钟剑章，毕增一，黄星，等，2020. 猪毛蒿精油对小菜蛾的杀虫活性及其化学成分分析 [J]. . 吉林农业大学学报，42（3）：293–299.

朱亮锋，陆碧瑶，李毓敬，等，1985. 大叶芳樟精油的化学成分研究 [J]. 植物学报，27（4）：47–411.

庄世宏，2002. 花椒精油提取及其生物活性测定研究 [J]. 咸阳：西北农林科技大学 .

Abdol-Samad，Abedi，Marjan，et al.，2017. Microwave-assisted extraction of *Nigella sativa* L. essential oil and evaluation of its antioxidant activity[J]. Journal of Food Science and Technology，54（12）：3779–3790.

Adams R P，2007. Identification of essential oil components by gas chromatography/mass spectroscope. fourth ed[J]. Allured Publishing Co. Carol Steam，Illinois，18（4）：803–806.

Adfa M，Rahmad R，Ninomiya M，et al.，2016. Antileukemic activity of lignans and phenylpropanoids of *Cinnamomum parthenoxylon*[J]. Bioorganic & Medicinal Chemistry Letters：761–764.

Adfa M，Romayasa A，Kusnanda A J，et al.，2020. Chemical components, antitermite and antifungal activities of *Cinnamomum parthenoxylon* wood vinegar[J]. Journal of the Korean Wood Science and Technology，48（1）：107–116.

Andrade E H A，Zoghbi M D G A，Lima M D P，2009. Chemical Composition of the Essential Oils of *Cymbopogon citratus*（DC.）Stapf Cultivated in North of Brazil[J]. Journal of Essential Oil Bearing Plants，12（1）：41–45.

Asmaliyah，Hadi E，2021. Novriyanti E. Potential of medang reso（*Cinnamomum parthenoxylon*）as raw material source for antidiabetic drugs[J]. IOP Conference Series：Earth and Environmental Science，914（1）：12074–12076.

Ayuba S B，et al.，2014. In vitro antibacterial effects of *Cinnamomum* extracts on common bacteria found in wound infections with emphasis on methicillin-resistant Staphylococcus aureus[J]. Journal of Ethnopharmacology，153（3）：587–595.

Azadia S K B，Ziaratic P，Boshra Azadi，et al.，2015. Chemical composition of *Haplophyllum villosum*（M. B.）G. Don Essential Oil[J]. Journal of essential oil-bearing plants JEOP，17（6）：1161–1164.

Barros F M C D，Zambarda E D O，Heinzmann B M，et al.，2009. Variabilidade sazonal e biossíntese de terpenóides presentes noóleo essencial de *Lippia alba*（Mill.）NE Brown（Verbenaceae）[J]. Química Nova，32（4）：861–867.

Batista P A，Werner M，Oliveira E C，et al.，2008. Evidence for the involvement of *Ionotropic glutamatergic* receptors on the antinociceptive effect of（–）-linalool in mice[J]. Neuroscience Letters，440（3）：299–303.

Bordiga M，Rinaldi M，Locatelli M，et al.，2013. Characterization of Muscat wines aroma evolution using comprehensive gas chromatography followed by a post-analytic approach to 2D contour plots comparison[J]. Food Chemistry，140（1-2）：57–67.

Brigitte，Schmiderer C，Novak J，2015. Essential oil diversity of European *Origanum vulgare* L.（Lamiaceae）[J]. Phytochemistry，119：32–40.

Chalchat J C，Zcan M M，2008. Comparative essential oil composition of flowers，leavesand stems of basil（*Ocimum basilicum* L.）used as herb[J]. Food Chemistry，110（2）：501–503.

Chaw S，Liu Y，Wu Y，et al.，2019. *Stout camphor* tree genome fills gaps in understanding of flowering plant genome evolution[J]. Nature Plants，5（1）：63–73.

Chen F，Xu M，Yang X，et al.，2018. An improved approach for the isolation of essential oil from the leaves of *Cinnamomum longepaniculatum* using microwave–assisted hydrodistillation concatenated double–column liquid–liquid extraction[J]. Separation and Purification Technology，195：110–120.

Chen Y，Li Z，Zhao Y，et al.，2020. The Litsea genome and the evolution of the laurel family[J]. Nature Communications，11（1）：1–14.

Chen Y，Dai G，2015. Acaricidal activity of compounds from *Cinnamomum camphora*（L.）Presl against the carmine spider mite，Tetranychus cinnabarinus[J]. Pest Management Science：1561–1571.

Cheng S S，Liu J Y，Tsai K H，et al.，2004. Chemical composition and mosquito larvicidal activity of essential oils from leaves of different *Cinnamomum osmophloeu*m provenances[J]. Journal of Agricultural and Food Chemistry，52（14）：4395–4400.

Christenhusz M J M，Byng J W，2016. The number of known plants species in the world and its annual increase[J]. Phytotaxa，261（3）：201–217.

Dong J，Ma X，Wei Q，2011. Effects of growing location on the contents of secondary metabolites in the leaves of four selected superior clones of *Eucommia ulmoides*[J]. Industrial Crops and Products，34（3）：1607–1614.

De Martino L，De Feo V，Formisano C，et al.，2009. Chemical composition and antimicrobial activity of the essential oils from three chemotypes of *Origanum vulgare* L. ssp. hirtum（Link）Ietswaart growing wild in Campania（Southern Italy）[J]. Molecules，14（8）：2735–2746.

Dũng N X，Mõi L D，Hung N D，et al.，1995. Constituents of the essential oils of

Cinnamomum parthenoxylon (Jack) Nees from Vietnam[J]. Journal of Essential Oil Research，7（1）: 53–56.

Ersan S，Ustundag O G，Carle R，et al.，2018. Subcritical water extraction of phenolic and antioxidant constituents from *pistachio* (*Pistacia vera* L.) hulls[J]. Food Chemistry，253（1）: 46.

Figuérédo G，Chalchat J C，Pasquier B，2010. Studies of *Mediterranean oregano* populations. VIII—Chemical composition of essential oils of oreganos of various origins[J]. Journal of Essential Oil Research，18（4）: 411–415.

Ganjewala D，Luthra R，2010. Essential oil biosynthesis and regulation in the genus *Cymbopogon*[J]. Natural Product Communications，5（1）: 163.

Garzoli S，Bo Ovi M，Baldisserotto A，et al.，2017. Essential oil extraction，chemical analysis and anti–Candida activity of *Foeniculum vulgare* Miller – new approaches[J]. Natural Product Research : 1–6.

Gasparetto A，Cruz A B，Wagner T M，et al.，2017. Seasonal variation in the chemical composition，antimicrobial and mutagenic potential of essential oils from *Piper cernuum*[J]. Industrial Crops and Products，95 : 256–263.

Gershenzon J，McConkey M E，Croteau R. B，2000. Regulation of monoterpene accumulation in leaves of peppermint[J]. Plant physiology，122（1）: 205–214.

Ghahramanloo K H，Kamalidehghan B，Javar H A，et al.，2017. Comparative analysis of essential oil composition of Iranian and Indian Nigella sativa L. extracted using supercritical fluid extraction and solvent extraction[J]. Drug Design，Development and Therapy，11 : 2221.

Ghelardini C，Galeotti N，Mannelli L D C，et al.，2001. Local anaesthetic activity of β–caryophyllene[J]. Il Farmaco，56（5–7）: 387–389.

Gobbo–Neto L，Lopes N P，2007. Plantas medicinais : fatores de influência no conteúdo de metabólitos secundários[J]. Química Nova，30（2）: 374–381.

Guo L P，Wang S，Zhang J，et al.，2013. Effects of ecological factors on secondary metabolites and inorganic elements of *Scutellaria baicalensis* and analysis of geoherblism[J]. Chinese Science（11）: 10.

Hajdari A，Mustafa B，Nebija D，et al.，2016. Chemical Composition of Juniperus communis L. Cone Essential Oil and Its Variability among Wild Populations in Kosovo[J]. Chemistry & Biodiversity，12（11）：1706–1717.

Hanlidou E，Karousou R，Lazari D，2014. Essential–Oil Diversity of Salvia tomentosa Mill. in Greece[J]. Chemistry & Biodiversity，11（8）：1205–1215.

Hu J N，Shen J R，Xiong C Y，et al.，2018. Investigation of Lipid Metabolism by a New Structured Lipid with Medium– and Long–Chain Triacylglycerols from *Cinnamomum camphora* Seed Oil in Healthy C57BL/6J Mice[J]. Journal of Agricultural & Food Chemistry（1）：7–5659.

Huang Y，Ho S，Lee H，et al.，2002. Insecticidal properties of eugenol，isoeugenol and methyleugenol and their effects on nutrition of *Sitophilus zeamais* Motsch.（Coleoptera：Curculionidae）and *Tribolium castaneum*（Herbst）（Coleoptera：Tenebrionidae）[J]. Journal of Stored Products Research，38（5）：403–412.

Huo M，Cui X，Xue J，et al.，2013. Anti–inflammatory effects of linalool in RAW 264. 7 macrophages and lipopolysaccharide–induced lung injury model[J]. Journal of Surgical Research，180（1）：47–54.

Ito M，Toyoda M，Kamakura S，et al.，2002. A new type of essential oil from *Perilla frufescens* from Thailand[J]. Journal of Essential Oil Research，14（6）：416–419.

Jeyaratnam N，Nour A H，Kanthasamy R，et al.，2016. Essential oil from *Cinnamomum cassia* bark through hydrodistillation and advanced microwave assisted hydrodistillation[J]. Industrial Crops and Products，92：57–66.

Jia Q，Liu X，Wu X，et al.，2009. Hypoglycemic activity of a polyphenolic oligomer–rich extract of *Cinnamomum parthenoxylon* bark in normal and streptozotocin–induced diabetic rats[J]. Phytomedicine，16（8）：744–750.

Jirovetz L，Buchbauer G，Stoilova I，et al.，2006. Chemical composition and antioxidant properties of clove leaf essential oil[J]. Journal of Agricultural & Food Chemistry，54（17）：6303.

Kamatou G，Zyl R，Vuuren S，et al.，2008. Seasonal variation in essential oil composition，oil toxicity and the biological activity of solvent extracts of three South

African Salvia species[J]. South African Journal of Botany, 74 (2): 230–237.

Kharraf S E, Farah A, Miguel M G, et al., 2020. Two extraction methods of essential oils: Conventional and non–conventional hydrodistillation[J]. Journal of Essential Oil–bearing Plants JEOP, 23 (5): 870–889.

Kitic D, Jovanovic T, Ristic M, et al., 2002. Chemical composition and antimicrobial activity of the essential oil of *Calamintha nepeta* (L.) Savi ssp. glandulosa (Req.) P. W. Ball from Montenegro[J]. Journal of Essential Oil Research, 14 (2): 150–152.

Kladniew B R, Polo M, Villegas S M, et al., 2014. Synergistic antiproliferative and anticholesterogenic effects of linalool, 1, 8–cineole, and simvastatin on human cell lines[J]. Chemico–Biological Interactions, 214 (1): 57–68.

Kusuma H S, Mahfud M, 2017. Microwave hydrodistillation for extraction of essential oil from *Pogostemon cablin* Benth: Analysis and modelling of extraction kinetics[J]. Journal of Applied Research on Medicinal and Aromatic Plants, 4: 46–54.

Lee H J, Hyun E A, Yoon W J, et al., 2006. In vitro anti–inflammatory and anti–oxidative effects of *Cinnamomum camphora* extracts[J]. Journal of Ethnopharmacology, 103 (2): 208–216.

Li J, Zhu G F, Wang Z H, 2017. Chemical variation in essential oil of *Cymbidium sinense* flowers from six cultivars[J]. Journal of Essential Oil–bearing Plants, 20 (2): 385–394.

Lukas B, Schmiderer C, Novak J, 2015. Essential oil diversity of European *Origanum vulgare* L. (Lamiaceae) [J]. Phytochemistry, 119: 32–40.

Mallavarapu G R, Kulkarni R N, Ramesh S, 1992. Composition of the essential oil of *Cymbopogon travancorensis*[J]. Planta Medica, 58 (5): 219–220.

Manika N, Mishra P, Chanotiya C, et al., 2012. Effect of season on yield and composition of the essential oil of *Eucalyptus citriodora* Hook. leaf grown in sub–tropical conditions of North India[J]. Journal of Medicinal Plants, 59 (4): 303–315.

Miyazawa, Hashimoto, Taniguchi, et al., 2001. Headspace constituents of the tree remain of *Cinnamomum camphora*[J]. Natprod Lett 2001，15（1）：63–69.

Moghaddam M F，Omidbiagi R，Sefidkon F，2006. Chemical composition of the essential oil of *Tagetes minuta* L[J]. Journal of Essential Oil Research. 18（5）：572–573.

Naik D G，Dandge C N，Rupanar S V，2011. Chemical examination and evaluation of antioxidant and antimicrobial activities of essential oil from *Gymnema sylvestre* R. Br. Leaves[J]. Journal of Essential Oil Research，23：12–19.

Nurzy ń ska–Wierdak R，2009. Herb yield and chemical composition of common oregano（*Origanum vulgare* L.）essential oil according to the plant' s developmental stage[J]. Herba Polonica，55（3）：55–62.

Paniandy J C，Chane–Ming J，Pieribattesti J C，2000. Chemical composition of the essential oil and headspace solid–phase microextraction of the Guava fruit（*Psidium guajava* L.）[J]. Journal of Essential Oil Research，12（2）：153–158.

Pardede A，Adfa M，Kusnan Da A J，et al.，2017. Flavonoid rutinosides from *Cinnamomum parthenoxylon* leaves and their hepatoprotective and antioxidant activity[J]. Medicinal Chemistry Research，1（1）：1–6.

Phongpaichit S，Kummee S，Nilrat L，et al.，2006. Antimicrobial activity of oil from the root of *Cinnamomum porrectum*[J]. Songklanakarin J Sci Technol，29（1）：11–16.

Prakash O，Kanyal L，Chandra M，et al.，2013. Chemical diversity and antioxidant activity of essential oils among different accessions of *Origanum vulgare* L. collected from Uttarakhand region[J]. Indian Journal of Natural Products and Resources，4：212–218.

Qiu F，Wang X，Zheng Y，et al.，2019. Full–Length Transcriptome Sequencing and Different Chemotype Expression Profile Analysis of Genes Related to Monoterpenoid Biosynthesis in *Cinnamomum porrectum*[J]. International Journal of Molecular Sciences，20（24）：6230–6251.

Qiu F，Yang H，Zhang T，et al.，2019. Chemical Composition of Leaf Essential Oil of *Cinnamomum porrectum*（Roxb.）Kosterm[J]. Journal of Essential Oil Bearing

Plants，22（5）：1313–1321.

Rand K，Bar E，Ari M B，et al.，2017. Differences in monoterpene biosynthesis and accumulation in *Pistacia palaestina* leaves and aphid–induced galls[J]. Journal of Chemical Ecology，43（2）：143–152.

Ribeiro V，Rolim V，Bordignon S，et al.，2008. Chemical composition and larvicidal properties of the essential oils from Drimys brasiliensis Miers（Winteraceae）on the cattle tick *Rhipicephalus*（Boophilus）microplus and the brown dog tick Rhipicephalus sanguineus[J]. Parasitology Research，102（3）：531–535.

Rios–Estepa R，Lange I，Lee J M，et al.，2010. Mathematical modeling–guided evaluation of biochemical，developmental，environmental，and genotypic determinants of essential oil composition and yield in *Peppermint* Leaves[J]. Plant Physiology，152（4）：2105–2119.

Rovesti P，1957. Essential oils of some chemotypes of aromatic *Eritrean labiates*[J]. Pharm Weekbl，92（23）：843–845.

Sά S D，Fiuza T S，Borges L L，et al.，2016. Chemical composition and seasonal variability of the essential oils of leaves and morphological analysis of *Hyptis carpinifolia*[J]. Revista Brasileira de Farmacognosia，26（6）：2801–2806.

Saetan P，2018. *Cinnamomum porrectum* herbal tea production and its functional properties influenced by odor types of leaves and blanching process[J]. Functional Foods in Health and Disease，6（12）：836.

Satyal P，Crouch R A，Monzote L，et al.，2016. The chemical diversity of *Lantana camara*：Analyses of essential oil samples from Cuba，Nepal，and Yemen[J]. Chemistry & Biodiversity，13（3）：336–342.

Schmiderer C，Grassi P，Novak J，et al.，2008. Diversity of essential oil glands of clary sage（*Salvia sclarea* L，Lamiaceae）[J]. Plant Biology，10（4）：433–440.

Shen T，Qi H，Luan X，et al.，2022. The chromosome–level genome sequence of the camphor tree provides insights into Lauraceae evolution and terpene biosynthesis[J]. Plant Biotechnology Journal，20（2）：244–246.

Shi C，Sun Y，Liu Z，et al.，2017. Inhibition of cronobacter sakazakii virulence factors by citral[J]. Scientific Reports，7：43243.

Silalahi M，Nisyawati，2018. An ethnobotanical study of traditional steam–bathing by the Batak people of North Sumatra，Indonesia[J]. Pacific Conservation Biology，25（3）：1–15.

Simionatto E，Porto C，Dalcol I I，et al.，2005. Essential oil from *Zanthoxylum hyemale*[J]. Planta medica，71（8）：759–763.

Siti Y M，Subki，Jamia A，et al.，2013. Characterisation of leaf essential oils of three *Cinnamomum* species from Malaysia by gas chromatography and multivariate data analysis[J]. Pharmacognosy Journal，5（1）：22–29.

Son L C，Dai D N，Thang T D，et al.，2014. Study on *Cinnamomum* oils：compositional pattern of seven species grown in Vietnam[J]. Journal of Oleo Science，63（10）：1035–1043.

Souwalak P，Sopa K，Ladda N，et al.，2007. Antimicrobial activity of oil from the root of *Cinnamomum porrectum*[J]. Songklanakarin Journal of Science & Technology，29（1）：11–16.

Sriramavaratharajan V，Stephan J，Sudha V，et al.，2016. Leaf essential oil of *Cinnamomum agasthyamalayanum* from the Western Ghats，India—A new source of camphor[J]. Industrial Crops & Products，86：259–261.

Subki S Y，Jamal J A，Husain K，et al.，2013. Characterisation of leaf essential oils of three *Cinnamomum* species from Malaysia by gas chromatography and multivariate data analysis[J]. Pharmacognosy Journal，5（1）：22–29.

Sukcharoen O，Sirirote P，Thanaboripat D，2017. Control of aflatoxigenic strains by *Cinnamomum porrectum* essential oil[J]. Journal of Food Science & Technology，54（10）：1–7.

Swain T，Tetenyi P，1972. Infraspecific chemical taxa of medicinal plants[J]. Kew Bulletin，27（1）：213.

Tangjitjaroenkun J，Tangchitcharoenkhul R，Yahayo W，et al.，2020. Chemical compositions of essential oils of *Amomum verum* and *Cinnamomum parthenoxylon* and their in vitro biological properties[J]. Journal of Herbmed Pharmacology，9

(3) : 223–231.

Thomas A, Mazigo H. D, Manjurano A, et al., 2017. Evaluation of active ingredients and larvicidal activity of clove and cinnamon essential oils against Anopheles gambiae (sensu lato) [J]. Parasit Vectors, 10 (1) : 411.

Tuan D Q, Duc H V, Nhan L T, et al., 2019. Constituents of essential oils from the leaves of *Paramignya trimera* (Oliv.) Guillaum from Vietnam[J]. Journal of Essential Oil Bearing Plants Jeop (4) : 1–5.

Uthairatsamee S, Pipatwattanakul D, 2012. Genetic diversity of *Cinnamomum porrectum* (Roxb.) Kosterm. in southern Thailand detected by inter simple sequence repeat (ISSR) analysis[J]. Thai Journal of Forest, 21 (1) : 10–19.

Wang H, Liu Y, Wei S, et al., 2012. Comparative seasonal variation and chemical composition of essential oils from the leaves and stems of *Schefflera heptaphylla* using microwave–assisted and conventional hydrodistillation[J]. Industrial Crops & Products, 36 (1) : 229.

Wang T, Wang H, Cai D, et al., 2017. Comprehensive profiling of rhizome–associated alternative splicing and alternative polyadenylation in moso bamboo (*Phyllostachys edulis*) [J]. The Plant Journal, 91 (4) : 684–699.

Xu Y, Xiao H, Guan H, et al., 2017. Monitoring atmospheric nitrogen pollution in Guiyang (SW China) by contrasting use of *Cinnamomum Camphora* leaves, branch bark and bark as biomonitors[J]. Environmental Pollution, 233 : 1037–1048.

Yang Z B, Yang B, 2011. Analysis of the Aroma of Chemical Composition from the Leaves and Fruits of *Cinnamomum parthenoxylon* (Jack) Nees in Guizhou[J]. Northern Horticulture, 1 : 1–9.

Yang Z, Guo P, Han R, et al., 2018. Gram-scale separation of borneol and camphor from *Cinnamomum camphora* (L.) Presl by continuous counter-current chromatography[J]. Separation Science Plus, 2 : 1–10.

Zeng X, Liu C, Zheng R, et al., 2016. Emission and accumulation of monoterpene and the key terpene synthase (TPS) associated with monoterpene biosynthesis in *Osmanthus fragrans* Lour[J]. Frontiers in Plant Science, 6 : 1232.

Zhang J, Huang T, Zhang J, et al., 2018. Chemical composition of leaf essential oils of four *Cinnamomum* species and their larvicidal activity against *Anophelus sinensis* (Diptera : Culicidae) [J]. Journal of Essential Oil-bearing Plants JEOP, 21 (5): 1284–1294.

Zhao M. L, Hu J N, Zhu X M, et al., 2014. Enzymatic synthesis of medium- and long-chain triacylglycerols–enriched structured lipid from *Cinnamomum camphora* seed oil and camellia oil by Lipozyme RM IM[J]. International Journal of Food Science & Technology, 49 (2): 453–459.

Zheljazkov V D, Cantrell C L, Tekwani B, et al., 2008. Content, composition, and bioactivity of the essential oils of three basil genotypes as a function of harvesting[J]. Journal of Agricultural and Food Chemistry, 56 (2): 380–385.

图书在版编目（CIP）数据

中国黄樟精油资源与开发利用 / 邱凤英等著. -- 北京：中国林业出版社，2022.9
ISBN 978-7-5219-1763-5

Ⅰ. ①中… Ⅱ. ①邱… Ⅲ. ①樟属—香精油—资源开发—研究—中国②樟属—香精油—资源利用—研究—中国 Ⅳ. ①S792.230.6

中国版本图书馆CIP数据核字（2022）第119755号

责任编辑 李敏 王美琪
电　　话（010）83143575 83143548

出版发行 中国林业出版社（100009 北京市西城区刘海胡同 7 号）
网　　站 http://www.forestry.gov.cn/lycb.html
印　　刷 河北京平诚乾印刷有限公司
版　　次 2022 年 9 月第 1 版
印　　次 2022 年 9 月第 1 次印刷
开　　本 787mm × 1092mm 1/16
印　　张 11.5
字　　数 200千字
定　　价 99.00元